新型职业农民培训 系列教材

农业政策法律法规

● 徐玉红　李爱英　主编

中国农业科学技术出版社

图书在版编目（CIP）数据

农业政策法律法规／徐玉红，李爱英主编．—北京：中国农业科学技术出版社，2014.6（2023.2重印）

（新型职业农民培训系列教材）

ISBN 978－7－5116－1674－6

Ⅰ.①农… Ⅱ.①徐…②李… Ⅲ.①农业政策－中国－技术培训－教材②农业法－中国－技术培训－教材 Ⅳ.①F320②D922.4

中国版本图书馆 CIP 数据核字（2014）第 113654 号

责任编辑	徐 毅 张志花
责任校对	贾晓红

出 版 者	中国农业科学技术出版社
	北京市中关村南大街 12 号 邮编：100081
电 话	(010)82106636(编辑室) (010)82109702(发行部)
	(010)82109709(读者服务部)
传 真	(010)82106631
网 址	http://www.castp.cn
经 销 者	各地新华书店
印 刷 者	北京建宏印刷有限公司
开 本	850mm×1168mm 1/32
印 张	9.375
字 数	240 千字
版 次	2014 年 6 月第 1 版 2023 年 2 月第 5 次印刷
定 价	26.00 元

新型职业农民培训系列教材

《农业政策法律法规》

编　委　会

主　任　徐玉红

副主任　王金栓　张伟霞　郭春生
　　　　彭晓明

主　编　徐玉红　李爱英

副主编　刘超良　张　平　王金栓

编　者　王亚锋　段东军　张传海
　　　　程彦杰　马利允　王建方

序

　　我国正处在传统农业向现代农业转化的关键时期，大量先进的农业科学技术、农业设施装备、现代化经营理念越来越多地被引入到农业生产的各个领域，迫切需要高素质的职业农民。为了提高农民的科学文化素质，培养一批"懂技术、会种地、能经营"的真正的新型职业农民，为农业发展提供技术支撑，我们组织专家编写了这套《新型职业农民培训系列教材》丛书。

　　本套丛书的作者均是活跃在农业生产一线的专家和技术骨干，围绕大力培育新型职业农民，把多年的实践经验总结提炼出来，以满足农民朋友生产中的需求。图书重点介绍了各个产业的成熟技术、有推广前景的新技术及新型职业农民必备的基础知识。书中语言通俗易懂，技术深入浅出，实用性强，适合广大农民朋友、基层农技人员学习参考。

　　《新型职业农民培训系列教材》的出版发行，为农业图书家族增添了新成员，为农民朋友带来了丰富的精神食粮，我们也期待这套丛书中的先进实用技术得到最大范围的推广和应用，为新型职业农民的素质提升起到积极地促进作用。

高地动

2014 年 5 月

前　言

为帮助广大农村读者准确把握党和国家针对农村诸多热点问题所颁布的政策和法律，我们缩写了《农业政策法律法规》一书。本书包括农村政策法规和法律基础知识两大内容，可使读者了解我国宪法等有关法律的基本精神、农村政策法规的主要内容，增强社会主义法制观念和法律意识，真正做到学法、懂法、用法，依法办事，依法维护国家和公民个人的合法权益。

本书既可作为职业农民培育专用教材，也可作为广大农村工作者业务参考用书。

热诚希望广大读者对书中不妥之处提出宝贵意见，以便进一步修订和完善。

编　者

2014 年 4 月 30 日

目　录

第一部分　农业政策

第二部分　法律法规

第一部分

农业政策

第一部分

水浒战术

第一章　社会主义新农村建设政策法规

第一节　新农村建设概述

一、新农村建设概念与特征

（一）新农村建设概念

社会主义新农村建设是指在社会主义制度下，按照新时代的要求，对农村进行经济、政治、文化和社会等方面的建设，最终实现把农村建设成为经济繁荣、设施完善、环境优美、文明和谐的社会主义新农村的目标。

（二）社会主义新农村建设的新背景

建设社会主义新农村不是一个新概念，20世纪50年代以来曾多次使用过类似提法，但在新的历史背景下，党的十六届五中全会提出的建设社会主义新农村具有更为深远的意义和更加全面的要求。新农村建设是在我国总体上进入以工促农、以城带乡的发展新阶段后面临的崭新课题，是时代发展和构建和谐社会的必然要求。当前我国全面建设小康社会的重点难点在农村，农业丰则基础强，农民富则国家盛，农村稳则社会安，没有农村的小康，就没有全社会的小康，没有农业的现代化，就没有国家的现代化。世界上许多国家在工业化有了一定发展基础之后都采取了工业支持农业、城市支持农村的发展战略。目前，我国国民经济的主导产业已由农业转变为非农产业，经济增长的动力主要来自非农产业，根据国际经验，我国现在已经跨入工业反哺农业的新阶段。因此，我国新农村建设重大战略性举措的实施正当其时。

（三）社会主义新农村建设的特征

建设社会主义新农村在新的历史发展阶段具有 5 个鲜明的特征。

（1）时代特征。这次新农村概念的提出，是在科学发展观、以人为本、构建和谐社会三大理念引领下的创新，是新农村最富时代特色的标志。

（2）综合特征。新农村不仅仅局限于某个生产领域或者某个环节，而是物质文明、政治文明、精神文明 3 个文明建设有机结合、综合协调的发展。

（3）联动特征。新农村建设的含义和工作部署，是城乡融为一体、作为一个系统工程来考虑的，而不是就农村论农村、就农业抓农业。

（4）渐进特征。新农村的建设决不可能一蹴而就，各地的情况和状况都不一样，新农村建设必须通过科学制定规划来推进永续实施，有效确保社会主义新农村建设的连续性和持续性。

（5）动态特征。新农村建设立意高远、内容丰富，随着时代的发展，还将不断赋予新的内涵和新的内容，还要在实践中不断拓宽新的思路和新的眼界。

二、新农村建设意义

（一）贯彻落实科学发展观的重大举措

科学发展观的一个重要内容，就是经济社会的全面协调可持续发展，城乡协调发展是其重要的组成部分。全面落实科学发展观，必须保证占人口大多数的农民参与发展进程、共享发展成果。如果我们忽视农民群众的愿望和切身利益，农村经济社会发展长期滞后，我们的发展就不可能是全面协调可持续的，科学发展观就无法落实。我们应当深刻认识建设社会主义新农村与落实科学发展观的内在联系，自觉地投身于社会主义新农村建设，促进经济社会尽快转入科学发展的轨道。

（二）确保我国现代化建设顺利推进的必然要求

国际经验表明，工农城乡之间的协调发展，是现代化建设成功的重要前提。一些国家较好地处理了工农城乡关系，经济社会得到了迅速发展，较快地迈进了现代化国家行列。也有一些国家没有处理好工农城乡关系，导致农村长期落后，致使整个国家经济停滞甚至倒退，现代化进程严重受阻。我们要深刻汲取国外正反两方面的经验教训，把农村发展纳入整个现代化进程，使社会主义新农村建设与工业化、城镇化同步推进，让亿万农民共享现代化成果，走具有中国特色的工业与农业协调发展、城市与农村共同繁荣的现代化道路。

（三）全面建设小康社会的重点任务

我们正在建设的小康社会，是惠及十几亿人口的更高水平的小康社会，其重点在农村，难点也在农村。改革开放以来，我国城市面貌发生了巨大变化，但大部分地区农村面貌变化相对较小，一些地方的农村还不通公路、群众看不起病、喝不上干净水、农民子女上不起学。这种状况如果不能有效扭转，全面建设小康社会就会成为空话。因此，我们要通过建设社会主义新农村，加快农村全面建设小康社会的进程。

（四）保持国民经济平稳较快发展的持久动力

扩大国内需求，是我国发展经济的长期战略方针和基本立足点。农村集中了我国数量最多、潜力最大的消费群体，是我国经济增长最可靠、最持久的动力源泉。通过推进社会主义新农村建设，可以加快农村经济发展，增加农民收入，使亿万农民的潜在购买意愿转化为巨大的现实消费需求，拉动整个经济的持续增长。特别是通过加强农村道路、住房、能源、水利、通信等建设，既可以改善农民的生产生活条件和消费环境，又可以消化当前部分行业的过剩生产能力，促进相关产业的发展。

（五）构建社会主义和谐社会的重要基础

社会和谐离不开广阔农村的社会和谐。当前，我国农村社会关系总体是健康、稳定的，但也存在一些不容忽视的矛盾和问题。通过推进社会主义新农村建设，加快农村经济社会发展，有利于更好地维护农民群众的合法权益，缓解农村的社会矛盾，减少农村不稳定因素，为构建社会主义和谐社会打下坚实基础。

三、新农村建设目标

高举邓小平理论和"三个代表"重要思想伟大旗帜，全面贯彻落实科学发展观，统筹城乡经济社会发展，实行工业反哺农业、城市支持农村和"多予少取放活"的方针，按照"生产发展、生活宽裕、乡风文明、村容整洁、管理民主"的要求，协调推进农村经济建设、政治建设、文化建设、社会建设和党的建设。完善强化支农政策，建设现代农业，稳定发展粮食生产，积极调整农业结构，加强基础设施建设，加强农村民主政治建设和精神文明建设，加快社会事业发展，推进农村综合改革，促进农民持续增收。

第二节　新农村建设内容、任务和基本原则

一、新农村建设内容

（一）生产发展

生产发展是新农村建设的中心环节，是实现其他目标的物质基础。建设社会主义新农村好比修建一幢大厦，经济就是这幢大厦的基础。如果基础不牢固，大厦就无从建起。如果经济不发展，再美好的蓝图也无法变成现实。

（二）生活富裕

生活富裕是新农村建设的目的，也是衡量我们工作的基本尺

度。只有农民收入上去了，衣食住行改善了，生活水平提高了，新农村建设才能取得实实在在的成果。

（三）乡风文明

乡风文明是农民素质的反映，体现农村精神文明建设的要求。只有农民群众的思想、文化、道德水平不断提高，崇尚文明、崇尚科学，形成家庭和睦、民风淳朴、互助合作、稳定和谐的良好社会氛围，教育、文化、卫生、体育事业蓬勃发展，新农村建设才是全面的。

（四）村容整洁

村容整洁是展现农村新貌的窗口，是实现人与环境和谐发展的必然要求。社会主义新农村呈现在人们眼前的，应该是脏乱差状况从根本上得到治理、人居环境明显改善、农民安居乐业的景象。这是新农村建设最直观的体现。

（五）管理民主

管理民主是新农村建设的政治保证，显示了对农民群众政治权利的尊重和维护。只有进一步扩大农村基层民主，完善村民自治制度，真正让农民群众当家做主，才能调动农民群众的积极性，真正建设好社会主义新农村。

二、新农村建设任务

（一）推进现代农业建设

加快农业科技进步，加强农业设施建设，调整农业生产结构，转变农业增长方式，提高农业综合生产能力。稳定发展粮食生产，实施优质粮食产业工程，建设大型商业产业化经营，促进农产品加工转化增值，发展高产、优质、高效、生态、安全农业。大力发展畜牧业，保护天然草场，建设饲草基地。积极发展水产业，保护和合理利用渔业资源。加强农田水利建设，改造中低产田，搞好土地整理。提高农业机械化水平，加快农业标准化，健全农业技术推广、农产品市场、农产品质量安全和动植物病虫害防控体系。积极推行节水灌溉，科学使用肥料、农药，促进农业可持续发展。

（二）全面深化农村改革

稳定并完善以家庭承包经营为基础、统分结合的双层经营体制，有条件的地方可根据自愿、有偿的原则依法流转土地承包经营权，发展多种形式的适度规模经营。巩固农村税费改革成果，全面推进农村综合改革，基本完成乡镇机构、农村义务教育和县乡财政管理体制等改革任务。深化农村金融体制改革，规范发展适合农村特点的金融组织，探索和发展农业保险，改善农村金融服务。坚持最严格的耕地保护制度，加快征地制度改革，积极开拓农村市场。逐步建立城乡统一的劳动力市场和公平竞争的就业制度，依法保障进城务工人员的权益。增强村级集体经济组织的服务功能。鼓励和引导农民发展各类专业合作经济组织，提高农业的组织化程度。加强农村党组织和基层政权建设，健全村党组织领导的充满活力的村民自治机制。

（三）大力发展农村公共事业

加快发展农村文化教育事业，重点普及和巩固农村九年义务教育，对农村学生免收杂费，对贫困家庭学生提供免费课本和寄宿生活费补助。加强农村公共卫生和基本医疗服务体系建设，基本建立新型农村合作医疗制度，加强人畜共患疾病的防治。实施农村计划生育家庭奖励扶助制度和"少生快富"扶贫工程。发展远程教育和广播电视"村村通"工程。加大农村基础设施建设投入，加快乡村道路建设，发展农村通信，继续完善农村电网，逐步解决农村饮水的困难和安全问题。大力普及农村沼气，积极发展适合农村特点的清洁能源。

（四）千方百计增加农民收入

采取综合措施，广泛开展农民增收渠道。充分挖掘农业内部增收潜力，扩大养殖、园艺等劳动密集型产品和绿色食品的生产，努力开拓农产品市场。大力发展县域经济，加强农村劳动力技能培训，引导富余劳动力向非农产业和城镇有序转移，带动乡镇企业和小城镇发展。继续完善现有农业补贴政策，保持农产品价格的合理水平，逐步建立符合国情的农业支持保护制度。加大扶贫开发力度，提高贫困地区人口素质，改善基本生产生活条件，开辟增收途径。因地制宜地实行整村推进的扶贫开发方式。对缺乏自下而上条件地区的贫困人口实行易地扶贫，对丧失劳动能力的贫困人口建立救助制度。

三、改善农村生产生活条件

按照推进城乡经济社会发展一体化的要求，搞好社会主义新农村建设规划，加强农村基础设施建设和公共服务，推进农村环境综合整治。

（一）提高乡镇村庄规划管理水平

适应农村人口转移的新形势，坚持因地制宜，尊重村民意愿，突出地域和农村特色，保护特色文化风貌，科学编制乡镇村庄规划。合理引导农村住宅和居民点建设，向农民免费提供经济安全适用、节地节能节材的住宅设计图样。合理安排县域乡镇建设、农田保护、产业聚集、村落分布、生态涵养等空间布局，统筹农村生产生活基础设施、服务设施和公益事业建设。

（二）加强农村基础设施建设

全面加强农田水利建设，完善建设和管护机制，加快大中型灌区、灌排泵站配套改造，在水土资源丰富地区适时新建一批灌区，搞好抗旱水源工程建设，推进小型农田水利重点县建设，完善农村小微型水利设施。加强农村饮水安全工程建设，大力推进农村集中式供水。继续推进农村公路建设，进一步提高通达通畅率和管理养护水平，加大道路危桥改造力度。加强农村能源建设，继续加强水电新农村电气化县和小水电代燃料工程建设，实施新一轮农村电网升级改造工程，大力发展沼气、作物秸秆及林业废弃物利用等生物质能和风能、太阳能，加强省柴节煤炉灶炕改造。全面推进农村危房改造和国有林区（场）、棚户区、垦区危房改造，实施游牧民定居工程。加强农村邮政设施建设。推进农村信息基础设施建设。

（三）强化农村公共服务

扩大公共财政覆盖农村范围，全面提高财政保障农村公共服务水平。提高农村义务教育质量和均衡发展水平，推进农村中等职业教育免费进程，积极发展农村学前教育。建立健全农村医疗卫生服务网络，向农民提供安全价廉可及的基本医疗服务。完善农村社会保障体系，逐步提高保障标准。加强农村公共文化和体育设施建设，丰富农民精神文化生活。

（四）推进农村环境综合整治

治理农药、化肥和农膜等面源污染，全面推进畜禽养殖污染防治。加强农村饮用水水源地保护、农村河道综合整治和水污染综合治理。强化土壤污染防治监督管理。实施农村清洁工程，加快推动农村垃圾集中处理，开展农村环境集中连片整治。严格禁止城市和工业污染向农村扩散。

第三节　中央关于加快发展现代农业和转变农业发展方式的相关政策

一、现代农业

（一）现代农业的概念与特征

1. 现代农业概念

现代农业相对于传统农业而言，是广泛应用现代科学技术、现代工业提供的生产资料和科学管理方法进行的社会化农业。现代农业可以概括为：用现代物质条件装备农业，用现代科学技术改造农业，用现代产业体系提升农业，用现代经营形式推进农业，用现代发展理念引领农业，用培养新型农民发展农业，提高农业水利化、机械化和信息化水平，提高土地产出率、资源利用率和农业劳动生产率，提高农业素质、效益和竞争力。建设现代农业的过程，就是改造传统农业、不断发展农村生产力的过程，就是转变农业增长方式、促进农业又好又快发展的过程。

2. 现代农业的特征

（1）具备较高的综合生产率，包括较高的土地产出率和劳动生产率。农业成为一个有较高经济效益和市场竞争力的产业，这是衡量现代农业发展水平的最重要标志。

（2）农业成为可持续发展产业。农业发展本身是可持续的，而且具有良好的区域生态环境。广泛采用生态农业、有机农业、绿色农业等生产技术和生产模式，实现淡水、土地等农业资源的可持续利用，达到区域生态的良性循环，农业本身成为一个良好的可循环的生态系统。

（3）农业成为高度商业化的产业。农业主要为市场而生产，具有很高的商品率，通过市场机制来配置资源。商业化是以市场体系为基础的，现代农业要求建立非常完善的市场体系，包括农产品现代流通体系。离开了发达的市场体系，就不可能有真正的现代农业。农业现代化水平较高的国家，农产品商品率一般都在90%以上，有的产业商品率可达到100%。

（4）实现农业生产物质条件的现代化。以比较完善的生产条件，基础设施和现代化的物质装备为基础，集约化、高效率地使用各种现代生产投入要素，包括水、电力、农膜、肥料、农药、良种、农业机械等物质投入和农业劳动力投入，从而达到提高农业生产率的目的。

（5）实现农业科学技术的现代化。广泛采用先进适用的农业科学技术、生物技术和生产模式，改善农产品的品质、降低生产成本，以适应市场对农产品需求优质化、多样化、标准化的发展趋势。现代农业的发展过程，实质上是先进科学技术在农业领域广泛应用的过程，是用现代科技改造传统农业的过程。

（6）实现管理方式的现代化。广泛采用先进的经营方式，管理技术和管理手段，从农业生产的产前、产中、产后形成比较完整的紧密联系、有机衔接的产业链条，具有很高的组织化程度。有相对稳定，高效的农产品销售和加工转化渠道，有高效率的把农民组织起来的组织体系，有高效率的现代农业管理体系。

（7）实现农民素质的现代化。具有较高素质的农业经营管理人才和劳动力，是建设现代农业的前提条件，也是现代农业的突出特征。

（8）实现生产的规模化、专业化、区域化。通过实现农业生产经营的规模化、专业化、区域化，降低公共成本和外部成本，提高农业的效益和竞争力。

（9）建立与现代农业相适应的政府宏观调控机制。建立完善的农业支持保护体系，包括法律体系和政策体系。

（二）加快发展现代农业的主要思路

1. 坚持在城乡统筹中不断夯实农业基础

按照统筹城乡发展的要求，不断加大以工补农、以城带乡的力度，加大国家对农业的支持和保护力度，促进公共财政向农村倾斜、公共服务向农村覆盖、公共设施向农村延伸，借助工业化、城镇化的力量推进农业现代化，逐步实现城乡要素平等交换，不断巩固和加强农业基础地位。

2. 坚持把提高农业综合生产能力作为发展现代农业的主攻方向

大力加强高标准农田、农田小型水利设施等农业基础设施建设，大幅度提高农业综合生产能力，尤其要提高粮食综合生产能力。

3. 坚持把调整优化农业结构作为提高质量和效益的根本途径

积极推进区域结构、产业结构、产品结构调整，优化农业生产力布局，确保总量平衡和品种结构平衡，确保农产品质量安全，提高农业效益，增加农民收入。

4. 加快转变农业发展方式，不断提高标准化、专业化、规模化和集约化水平

加强农业物质技术装备建设，大力培育现代农业生产经营主体，发展适度规模经营和产业化经营，加大农业资源和生态环境保护与建设力度，促进资源高效永续利用。

5. 加快农业科技进步和创新，为农业现代化提供支撑

依靠高科技改造传统农业，用先进技术装备农业，大力发展现代种业，培育优质、高产、安全的农作物新品种和健康、专用的动物新品种，依靠科技提高资源利用效率，降低生产成本，提高质量效益。

6. 坚持改革创新，增强农业发展后劲和活力

稳定和完善农村基本经营制度，坚持城市改革与农村改革统筹推进，正确处理和调整国家、集体与农民的关系，城市与农村的关系，工业与农业的关系，力争在粮食主产区利益补偿、农业支持保护、农村金融服务、完善城乡平等的要素交换关系等体制机制创新上取得突破。

7. 坚持在统筹国际国内两个市场、两种资源中提升农业国际竞争力

在扩大农业对外开放中提高统筹利用国际国内两个市场、两种资源的能力，坚持"引进来"和"走出去"相结合，实现优势互补，保障国内供给和产业安全，提升我国农业的综合素质和市场竞争力。

（三）加快发展现代农业的有效措施

1. 加强粮食综合生产能力建设

解决好十几亿人的吃饭问题，保障国家粮食安全，始终是治国安邦的头等大事，也是农业现代化建设的首要任务。要把提高粮食综合生产能力作为重点，实施全国新增千亿斤粮食生产能力规划；多渠道筹集资金，按照成片开发、整体推进的原则，突出农田水利建设和耕地质量建设，加快改造中低产田，大规模建设旱涝保收的高标准农田；在全国范围内划定永久基本农田，实施最严格保护；加快农村土地整理复垦，积极稳妥地开发后备耕地资源；建立和完善粮食主产区投入和利益补偿机制，调动粮食主产区发展粮食生产的积极性。

2. 加快农业科技进步，大幅提高农业技术装备水平

农业科技是农业现代化的重要支撑。近年来，我国农业科技迅速发展，农机化加速推进，支撑能力明显增强。但2009年农业科技进步贡献率仍只有51%，农业耕种收综合机械化率仅为49%，远低于发达国家水平。要加大农业科技投入，深入实施科教兴农战略，大力推进农业科技体制机制创新，强化现代农业产业技术体系建设，加强农业科技创新，强化技术集成配套，特别是抓好种业这个农业科技创新的重点、农业机械这个农业科技的重要载体，抓好重大适用技术推广，大规模开展高产创建。

3. 着力培育现代农业经营主体

加快发展现代农业，生产经营者是主体也是关键。当前，农业劳动力结构正面临大的调整和新的变化。大量有文化的年轻人进城务工，农业劳动者队伍老化、后继乏人问题日益凸显，培养适应现代农业发展要求的新型农民显得尤为重要。要大力推进人才强农战略，强化农民职业培训，着力培育一大批种养业能手、农机作业能手、科技带头人等新型农民。同时，多渠道培养适应现代农业发展的经营主体，发展种养业大户、农民专业合作社和

农业产业化龙头企业，发展多种形式的适度规模经营。

4. 完善现代农业产业体系

加强现代农业产业体系建设，是提高农业发展质量和效益、增强农业竞争力的重要举措，也是农业现代化的重要内容。要大力优化农业生产力布局，加快实施优势农产品区域规划，形成优势突出、特色鲜明的农产品产业带；加快推进农业标准化、规模化种养，提高农产品品质和安全水平，加快发展高效经济作物和园艺产业、现代畜牧水产业；大力发展设施农业，加大投入力度，研发、推广先进适用设施农业技术，支持企业和农户发展设施农业；大力推进农产品生产、加工、流通一体化经营，提高农业的附加值和效益；加强农产品质量安全监管，逐步使农产品生产成为可控过程、可追溯过程、可量化过程；加快发展无公害农产品、绿色食品和有机农产品，培育一批国内外公认的农产品知名品牌。

5. 加强农业资源环境保护与建设

节约农业资源，保护生态环境，推进可持续发展，是农业现代化建设的一项艰巨任务。要完善草原承包经营制度，加大草原保护与建设力度；加强水资源保护，加大水生生物资源养护力度，强化水生生态修复和建设；大力推进农业节本增效，按照减量化、资源化、再利用的发展理念，大力推广节地、节水、节种、节肥、节药、节能、节油的农业技术；继续实施农村沼气工程，抓好户用沼气、大中型沼气工程和沼气服务体系建设，促进农业资源循环利用；大力推进农村清洁工程建设，以农村废弃物资源化利用为突破口，加快开发以农作物秸秆等为主要原料的生物质燃料、肥料、饲料，有效治理农业面源污染。

6. 推进现代农业示范区建设

我国是一个农业大国，各地发展水平存在较大差异，需要在一些地区率先实现农业现代化，示范带动，梯次推进，进而全面实现农业现代化。要坚持因地制宜、突出特色，在保护耕地和尊重农民意愿的前提下，充分发挥农户、农民专业合作社、农业产业化龙头企业等建设主体作用，大力发展粮食、高效经济作物、养殖、农产品加工等产业，高起点、高标准和高水平地创建一批国家现代农业示范区，探索发展中国特色现代农业的路子，辐射带动全国农业现代化的发展。

二、转变农业发展方式

（一）转变农业发展方式的必要性和紧迫性

1. 转变农业发展方式有利于巩固农业基础地位、推进农业现代化

农业是国民经济的基础，是安天下、稳民心的战略产业。尽管目前我国农业产值在国内生产总值中的比重有所降低，但农业在国民经济中的基础地位没有变，农业依然是衣食之源、发展之本。经济越发展，城镇化、工业化水平越高，越要转变农业发展方式、强化农业的基础地位，这是保障工业化、城镇化顺利进行的必然要求。2008 年我国人均生产总值超过 3 000 美元，这是经济发展阶段的重要分水岭。从国际经验看，这一时期既是农业现代化建设的重要机遇期，也是农业发展的风险期。美国、西欧各国在进入这个阶段后，都注重农业发展方式转变。因此，在我国工业化、城镇化加速推进期，只有加快农业发展方式转变，才能有效地保障国家粮食安全和经济安全，实现经济社会又好又快发展。

2. 转变农业发展方式有利于扩大国内需求、缩小城乡差距

扩大国内需求特别是消费需求，是实现我国未来经济发展目标的战略举措。扩大消费需求，潜力在于扩大农村消费需求，这就需要增加农民收入，使农民有消费能力。目前，我国农村消费较为滞后，农村消费水平低，根本原因是农民收入水平不高。农

民收入增长相对迟缓主要源于农业内外两方面。从农业内部看，传统农业经营方式很难大幅度提高劳动生产率，制约了农民的农业收入；从农业外部看，外出农村劳动力的文化素质和就业技能还难以满足就业岗位的需要，制约了农村劳动力外出就业的规模扩大和充分就业。因此，无论是提高农业劳动生产率、增加农民的农业收入，还是促进农村劳动力稳定转移就业、拓宽农民的非农收入来源，都迫切需要加快农业发展方式转变。

3. 转变农业发展方式有利于应对国际市场挑战、增强农业竞争力

随着对外开放的不断扩大，我国农业面临着激烈的国际竞争。一方面，国外低价农产品的进口压力始终存在；另一方面，园艺、畜禽、水产等优势农产品出口难度加大，竞争优势面临挑战。当前，发达国家正在大力推动农业尖端科技研发应用，跨国公司正在加快产业布局和资本渗透，在种业等关键领域抢占发展制高点，给我国农业产业安全带来新的风险。特别是这次国际金融危机暴发以来，发达国家不仅没有放松农业，反而把转变农业发展方式、提升农业发展水平作为克服危机的重要战略，在新能源、低碳经济等领域培育新的经济增长点，这将对未来国际农业发展格局产生深刻影响。因此，只有加快转变我国农业发展方式，充分利用"两种资源、两个市场"改善要素结构，提高资源配置效率，大力提高农业科技自主创新能力，推动产业结构优化升级，才能增强我国农业的核心竞争力，在激烈的国际竞争中赢得主动。

4. 转变农业发展方式有利于突破资源环境约束、实现可持续发展

农业是高度依赖资源条件、直接影响自然环境的产业，农业的资源利用方式对实现可持续发展具有重要影响。新中国成立以来特别是改革开放30多年来，我国农业发展取得了举世瞩目的

成就，但也要看到，我国农业发展方式粗放，资源消耗过大等问题也日益突出。只有加快转变农业发展方式，提高资源和投入品使用效率，发挥农业的多功能性，才能突破资源环境约束，实现可持续发展。

（二）转变农业发展方式的重点任务

1. 促进农产品供给由注重数量增长向总量平衡、结构优化和质量安全并重转变

近年来，受城乡居民生活水平提高等因素影响，我国农产品需求呈刚性增长态势。而在国际农产品市场变化加剧的情况下，我国利用国际市场调剂余缺的不确定性在增加，保障国家粮食安全和主要农产品总量平衡、结构优化、质量安全的压力不断增大。因此，必须加快转变农业发展方式，不断提高农业综合生产能力，保障主要农产品有效供给，确保国家粮食安全。同时，要坚持推进产业结构、产品结构、区域结构调整，不断提升农产品质量安全与竞争能力。

2. 促进农业发展由主要依靠资源消耗向资源节约型、环境友好型转变

缓解我国农业面临的资源环境约束，从根本上改善农业生态环境，必须转变粗放的农业发展方式，走内涵式发展道路。要采取综合措施，切实加大农业资源和生态环境保护力度，坚决执行最严格的耕地保护制度和集约节约用地制度，推广农业节本增效技术，发展循环农业，提高资源利用效率，减少面源污染，促进资源永续利用。

3. 促进农业生产条件由主要"靠天吃饭"，向提高物质技术装备水平转变

物质技术装备水平既是现代农业的重要标志，也是提高农业综合生产能力的关键环节，更是加快转变农业发展方式的重要条件。要坚定不移地用现代物质条件装备农业，用现代科学技术改造农业，大力发展设施农业，加快推进农业机械化，强化农业防灾减灾体系建设，提高农业科技进步贡献率，增强农业抵御自然风险的能力，形成稳定有保障的农业综合生产能力。

4. 促进农业劳动者由传统农民向新型农民转变

我国农村劳动力资源丰富，但总体上科技文化素质偏低，相对缺乏适应发展现代农业需要的新型农民。要把提高农民科技文化水平放在突出位置，大力发展农村职业教育，积极开展农民培训，切实加强农村实用人才开发，培养一大批有文化、懂技术、善经营、会管理的新型农民，为转变农业发展方式提供智力支撑。

5. 促进农业经营方式由一家一户分散经营向提高组织化程度转变

我国农户经营规模小、组织化程度低，需要不断提高农业的组织化程度。要在坚持农村基本经营制度基础上，加快推进农业经营体制机制创新。要大力发展各类产业化经营组织特别是农民专业合作社，进一步健全农业社会化服务体系，促进农户分散经营向适度规模经营转变，形成多元化、多层次、多形式的经营方式，切实提高农业组织化程度。

（三）推进农业发展方式转变的主要措施

1. 构建现代农业产业体系

当前我国农业面临的主要任务是适应日益增长和升级的农产品需求，继续做大做强农业产业，构建现代农业产业体系。要加大粮食战略工程实施力度，稳定粮食播种面积，推进国家粮食核心产区和后备产区建设，健全粮食安全保障体系；积极推进农业结构调整，实施优势农产品区域布局规划，提升高效经济作物和园艺产业、现代畜牧水产业的比重，加快形成优势突出和特色鲜明的农产品产业带；大规模开展园艺产品生产和畜牧水产养殖标准化创建活动，加快发展无公害农产品、绿色食品和有机农产品，实行规模化种养、标准化生产、品牌化销售和产业化经营，进一步提升农产品质量安全水平。

2. 大力加强农业基础设施建设

要把建设高标准粮田、改造中低产田和完善农田水利设施，作为农业基础设施建设的重中之重，全面实施新增千亿斤粮食生产能力规划、新一轮"菜篮子"建设工程等项目，科学谋划和实施一批提高保障支撑水平、增强发展后劲的农业重大工程项目，推进农业基础设施建设跨上新台阶；探索农业基础设施建设新机制；积极推动中国特色农业机械化发展，进一步提高农机装备水平和服务能力。

3. 积极推进农业科技创新和应用

要大力促进农业技术集成化、劳动过程机械化、生产经营信息化；强化农业基础研究和科技储备，积极抢占农业科技竞争制高点，在转基因生物新品种培育等关键领域和核心技术上取得突破；以节地、节水、节肥、节药、节种、节能，资源综合循环利用为重点，开发农业节约型技术；坚持规模化、标准化的种子产业发展方向，依托大企业和大基地做大做强种子产业；大规模开展粮食高产创建活动，集成推广良种良法，通过提高单产水平来克服耕地资源限制；加快推进基层农技推广体系改革与建设，积极提供新品种供应、新技术推广、病虫害专业化统防统治、农资统购统供等服务，提升公共服务能力。

4. 推进农业经营体制机制创新

不断深化农村改革，加快创新农业体制机制，是加快推进农业发展方式转变的重要抓手。要在稳定土地承包关系的基础上，加快建立健全土地承包经营权流转市场，在依法自愿有偿流转的基础上发展多种形式的适度规模经营；创新农业经营制度，大力提升农业产业化经营水平，完善利益联结机制；加快发展农民专业合作社，加强合作社规范化建设；深化农村集体产权制度改革，增强集体服务功能。

5. 不断完善农业支持保护体系

坚持工业反哺农业、城市支持农村和多予少取、放活方针，逐步建立有利于强化农业基础的支持保护制度；持续加大国民收入分配格局调整力度，推动资金、人才、技术等资源要素向农村配置；继续扩大农业补贴规模，提高补贴标准，完善补贴办法，逐步完善目标清晰、收益直接、类型多样、操作简便的农业补贴政策框架；完善主要粮食品种最低收购价制度，健全重要农产品临时收储政策，提高农产品价格保护水平；加大农产品出口支持力度，推动完善农产品进出口调控机制；创新农村金融制度，通过产品和服务创新，满足农村金融服务需求。

6. 进一步强化对农业的管理和调控

转变农业发展方式，需要不断加强和改善政府对农业的管理和调控。要加强利益协调，建立健全利益补偿机制；积极转变农业部门职能，重点强化技术推广、检验检测、行政执法等关键环节；借鉴"米袋子"省长负责制和"菜篮子"市长负责制的做法，以主产区为重点逐步建立新的绩效考核评价体系，强化地方政府夯实农业基础、加快转变农业发展方式的责任。

三、现代农业的主要类型

生态农业是将生态理念运用到农业中的一种新农业，具有生态合理性、功能良性循环的新型综合农业体系，实现高产、优质、高效与持续发展目标。

有机农业是一种完全不用或基本不用人工合成的肥料、农药、生产调节剂和畜禽饲料添加剂的生产体系。

精确农业是指利用全球定位系统、地理信息系统、遥感系统等现代高新技术，获取农田小区作物产量和影响作物生长的环境因素以及实际存在的空间及时间差异性信息，按需实施定位调控的"处方农业"。

数字农业是指利用遥感、地理信息等现代高新技术，对农作物发育生长、病虫害发生、水肥状况变化以及相应的环境因素进行实时监测，定期获取信息，建立动态空间多维系统，模拟农业生产过程中的种种现象。

都市农业是指在都市化地区，利用田园景观、自然生态及环境资源，结合农林牧渔生产、农业经营活动、农村文化及农家生活，为人们休闲旅游、体验农业、了解农村提供场所。

观光农业是指与旅游相结合的一种消遣性农事活动。

种源农业是以种植、养殖业的良种建设工程为核心，通过良种产业化和生产规模化的新兴农业。

能源农业是有目的地生产生物质能含量大、利用价值高的农作物，并通过现代技术手段将凝结在农作物中的生物质能开发出来，将其转化为可供直接利用的能源。

第二章 稳定和完善农村基本经营制度政策法规

第一节 稳定完善双层经营体制

一、家庭联产承包责任制

（一）家庭联产承包责任制概念

家庭联产承包责任制是 20 世纪 80 年代初期中国大陆在农村推行的一项重要的改革，是农村土地制度的重要转折，也是现行中国大陆农村的一项基本经济制度。家庭联产承包责任制是指农户以家庭为单位向集体组织承包土地等生产资料和生产任务的农业生产责任制形式。其基本特点是在保留集体经济必要的统一经营的同时，集体将土地和其他生产资料承包给农户，承包户根据承包合同规定的权限，独立作出经营决策，并在完成国家和集体任务的前提下分享经营成果、一般做法是将土地等按人口或劳动力比例根据责、权、利相结合的原则分给农户经营。承包户和集体经济组织签定承包合同。家庭联产承包责任制是中国农民的伟大创造，是农村经济体制改革的产物。

我国农村普遍实行家庭联产承包责任制后，发挥了集体的优越性和个人的积极性，使其既能适应分散经营的小规模经营，也能适应相对集中的适度规模经营，因而促进了劳动生产率的提高以及农村经济的全面发展，提高了广大农民的生活水平。为了进一步加强农业的基础地位，我国将继续长期稳定并不断完善以家庭承包经营为基础、统分结合的双层经营体制。依法保障农民对土地承包经营的各项权利。农户在承包期内可依法、自愿、有偿流转土地承包经营权，完善流转办法，逐步发展适度规模经营。实行最严格的耕地保护制度，保证国家粮食安全。按照保障农民权益、控制征地规模的原则，改革征地制度，完善征地程序。严格界定公益性和经营性建设用地，征地时必须符合土地利用总体规划和用途管制，及时给予农民合理补偿。

（二）家庭联产承包责任制的具体形式

是指农户以家庭为单位向集体组织承包土地等生产资料和生产任务的农业生产责任制形式。

1. 包干到户

各承包户向国家缴纳农业税（2005 年 12 月 29 日，第十届全国人大常委会第十九次会议决定，2006 年 1 月 1 日起废止农业税条例，标志着具有 2600 多年历史的农业税正式退出历史舞台），交售合同定购产品以及向集体上缴公积金、公益金等公共提留，其余产品全部归农民自己所有。

2. 包产到户

实行定产量、定投资、定工分，超产归自己，减产赔偿。目前，绝大部分地区采用的是包干到户的形式。家庭联产承包责任制是我国农村集体经济的主要实现形式。主要生产资料仍归集体所有；在分配方面仍实行按劳分配原则；在生产经营活动中，集体和家庭有分有合。

（三）家庭联产承包责任制特点

家庭联产承包责任制的实行取消了人民公社，又没有走土地私有化的道路，而是实行家庭联产承包为主，统分结合，双层经营，既发挥了集体统一经营的优越性，又调动了农民生产积极性。

1. 家庭联产承包责任制仍然是公有制经济

以家庭为单位进行承包，尽管在分配上采取了一种简单、直接的形式，但是农村最基本的生产资料——土地的所有权仍属集体，农户只有使用权，实行了所有权与经营权的相对分离。

2. 家庭联产承包为主的责任制，核心是一外"包"字，包土地，包分配

其特点是责任明确，利益直接，分配方法简便。

3. "统分结合的双层经营体制"具体体现在集体和农户的两个经营层次

集体经济组织是双层经营的主体，承包家庭经营是双层经营的基础。家庭联产承包责任制，如果离开了集体经济组织，离开了"统"的功能的发挥，家庭承包就失去了主体，家庭经营实质上就成为个体小农经济，偏离了农业的社会主义方向。如果离开了承包家庭的分散经营，农民的生产积极性就不能得以充分发挥，农业集体经济就失去了活力，集体经济的优越性也就不能发挥。农业生产过程是劳动过程与自然过程的结合。家庭经营更适宜灵活安排劳动投入和调动劳动积极性。随着大型化、高效率、全过程农业机械的推广应用以及劳动力市场的完善，家庭经营的规模可以迅速扩大，生产经营潜力巨大。在生产经营中，有一些单靠一家一户难以解决的问题，如灌溉排涝、病虫害防治、良种推广、加工销售等，则通过专业合作和社会化服务，即统一经营来解决。因此，双层经营缺一不可。

二、稳定和完善以家庭承包经营为基础、统分结合的双层经营体制

（一）坚持农村基本经营制度

我国经济体制改革的总体目标是建立社会主义市场经济体制。农村基本经营制度与社会主义市场经济体制的要求相适应，

是市场经济体制的重要组成部分。这种适应性集中体现在确定了家庭的市场主体地位和通过农户之间的联合以提高竞争力两个方面。土地家庭承包经营是农村基本经营制度的基础，赋予了农户以充分的经营自主权，包括生产什么、生产多少、产品如何出售以及盈亏责任，全部由农户自主决定、自担风险。这就使农户作为一个独立的商品生产经营者，其积极性被充分调动起来。与此同时，农户之间在技术标准、商品品牌、加工储运、购销服务等方面发展统一经营，与家庭经营之间形成两个层次的互相补充、相辅相成，才能有效弥补家庭经营势单力薄、缺乏竞争力的不足，避免被市场的汪洋大海所吞没，从而真正巩固农户的市场主体地位。所以，农村基本经营制度的两个层次都是社会主义市场经济体制的基本要求。

农村基本经营制度是党的各项农村政策的基石，其全面贯彻落实，对农业生产发展具有决定性意义。党在农村的其他各项制度，如土地管理制度、财政扶持制度、促进城乡发展一体化制度、现代农村金融制度、农村民主管理制度等，都应与农村基本经营制度相适应，才能有利于促进农村基本经营制度的巩固和完善，以形成协调一致、健全高效的农村经济制度体系，在推动农业和农村发展中发挥重要作用。

（二）提高家庭经营的集约化水平

随着我国工业化、城镇化、市场化、信息化的推进，随着现代农业的发展，农村基本经营制度也需要与时俱进、不断完善。家庭经营要向采用先进科技和生产手段方向转变，增加技术、资本等生产要素投入，着力提高集约化水平。在我国经济发展历史上，自给自足的自然经济曾长期居于主体地位。中华人民共和国成立后，我们又长期实行计划经济，商品生产和商品交换始终没有得到充分发展。实行土地家庭承包制、鼓励发展商品生产，不过短短30年时间。从目前全国农民家庭经营水平来看，我国农村在很大程度上仍处于自然经济半自然经济状态，农民生产的粮食等农产品，相当大一部分用于自己消费，商品率依然很低。生产的商品化、社会化，只是在少数农业发达地区才得到一定发展。当生产的目的主要不是为了交换，而主要是为了满足自己的需求时，农业就不可能成为一个现代化的产业，农业劳动生产率就只能停留在一个很低的水平上，农民也就不可能获得同从事第二、第三产业的社会成员相同的收入水平。

提高家庭经营的集约化水平，除了扩大土地经营规模外，围绕着改造传统农户、培育现代农业经营主体，要广泛开展多种形式的农民培训，着力提高农户融资经营能力、科技应用能力、机械使用能力和开拓市场能力。另一个方向就是通过发展高效农业，调整农业种植结构，提高土地产出率。如在设施农业比较集中的地区，科技投入和物质投入大幅增加，生产标准化水平迅速提高，农产品出口竞争力不断增强。在这样的地区和农户，家庭经营已经摆脱延续了几千年的自然经济，开始融入市场经济大潮，家庭经营变成家庭农场，迈上了农业现代化的轨道。

（三）提高统一经营的组织化程度

如果把市场经济比喻为波涛汹涌的大海，那么小规模的家庭经营就如大海上的一叶小舟，很难经受住风浪的冲击。农户只有联合起来，才能抗御市场风险，才能提高市场占有率，这样的看法，已在世界各国形成广泛共识。几乎所有的发达国家，农户之间的联合和合作都得到了充分发展。对比我国农村，土地家庭承包制虽调动了农户的积极性，但由于社会化服务体系迟迟没有建立起来，统一经营层次成为农村经营体制突出的薄弱环节。农产品卖难和价格大起大落的问题长期得不到解决，加工和出口发展缓慢。因此，发展和完善农户的统一经营，围绕提高农业生产的组织化程度，发展集体经济，增强集体组织服务功能，培育农民新型合作组织，发展各种农业社会化服务组织，加快健全乡镇或区域性农业技术推广、动植物疫病防控、农产品质量监管等公共服务机构。培育多元化的农业社会化服务组织，支持农民专业合作组织、供销合作社、农民经纪人、龙头企业等提供多种形式的生产经营服务。积极发展农产品流通服务，加快建设流通成本低、运行效率高的农产品营销网络。鼓励龙头企业与农民建立紧密型利益联结机制。

第二节　农村集体经济组织

一、农村集体经济组织概述

农村集体经济组织是指以农民集体所有的土地、农业生产设施和其他公共财产为基础，主要自然村或者行政村为单位建立，从事农业生产经营的经济组织。我国的农村集体经济组织起源于20世纪50年代的互助组，经历了初级社、高级社、人民公社而逐步形成和发展。党的十一届三中全会以后，随着以家庭承包经营为基础、统分结合的双层经营体制的实行，国家改变了政社合一的农村基层政权制度，并废除了人民公社，农村集体经济组织在原有的"三级所有、队为基础"的农民集体财产所有制的基础上，被注入了新的使命。党的十五届三中全会决定指出："农村集体经济组织要管理好集体资产，协调好利益关系，组织好生产服务和集体资源开发，壮大经济实力，特别要增强服务功能，解决一家一户难以解决的困难"。

在家庭承包责任制实行30年的基础上探索实现农业现代化的具体途径，不断增强集体经济实力，加强对农业和农民的服务，这是完善党在农村的基本政策的重要内容，是农村改革和发展的重大课题。

发展壮大农村集体经济，引导广大农民群众走社会主义共同富裕道路是我党坚定不移的方针。坚持以公有制为主体，多种经济成分共同发展，是建设有中国特色社会主义的一个基本原则。劳动群众集体所有制的集体经济是农村公有制经济的主体，在农村经济社会发展中有举足轻重的地位。建立社会主义市场经济新体制的改革总目标的确立，使农村集体经济发展进入了一个挑战与机遇并存的新阶段。在这一改革与发展的新时期，加快集体经济的"两个转变"，再造集体经济的优势，促进集体资产保值增值和集体经济不断发展壮大，是各级领导和广大农村干部群众面临的一项十分重要而又紧迫的战略任务。

发展壮大农村集体经济是保持社会主义公有制经济在农村经济领域中主体地位和主导作用的重要保证，是促进区域经济协调发展，避免农村两极分化，实现共同富裕的经济基础，是农村基层党组织开展两个文明建设、凝聚群众的物质保障。集体经济的强弱直接关系到农村基层政权的巩固和基层党组织的战斗力与号召力。

二、发展壮大农村集体经济组织

（一）建立适应社会主义市场经济要求农村集体经济运行机制和集体资产管理体制

1. 按照社会主义市场经济要求，积极探索农村集体经济多种有效实现形式

要尊重农民群众首创精神，鼓励和支持农村新经济组织，按照"产权清晰、权责明确、政企分开、管理科学"的要求，采取股份制、股份合作制、企业集团、资产增值承包、租赁拍卖、兼并、中外合资、合作经营等多种形式，搞活集体资产经营，建立与市场经济相适应的运行机制。同时，要积极引导农民群众和个体私营经济在自愿互利的基础上，采取多种联合和合作方式，发展新的集体经济。

2. 加大农村集体资产管理体制综合改革的力度，加快建立集体资产管理新体制

通过综合改革建立乡（镇）和村集体经济组织分级所有，乡镇企业和农户自主经营，党和政府部门指导监管的农村集体资产管理新体制。针对政社不分、集体经济组织不健全和企业转制后集体资产监管不力的问题，把建立健全代表全乡（镇）和村农民行使集体资产所有权的集体经济组织作为首要的工作目标，进一步完善集体经济的组织机构设置和配套的政策。

3. 进一步深化、完善、规范乡村集体企业转制经营机制的工作

以转换企业经营机制，建立现代企业制度，优化企业结构为目标，继续做好集体企业的转换经营机制工作。对尚未转换经营机制的重点骨干企业，要引导其按照现代企业制度的要求，通过组建集体控股的企业集团、有限责任公司和实行资产增值承包责任制等形式转换企业经营机制。

（二）加强农村集体资产的管理工作，促进集体资产的保值增值

乡村集体经济组织作为农村集体资产管理的主体，要健全产权登记、财务会计、民主理财、资产报告等项制度，把集体所有的资产全部纳入管理范围之内。

1. 认真开展农村集体资产清产核资和产权登记工作

清产核资是集体资产管理的一项基础性工作。清产核资的主要任务是：清查资产，界定资产所有权，重估资产价值，核实资产，登记产权，建章立制。要认真搞好产权登记工作，凡占有、使用集体资产的企业和单位都应向本级集体经济组织申报，办理产权登记手续。要制定《农村集体资产清产核资办法》《农村集体资产产权界定办法》等政策或规章，使这项工作走上法制轨道。

2. 加强农村集体资产的评估管理工作

集体资产实行拍卖、转让或实行资产增值承包经营、租赁经营、股份经营、联营、中外合资、合作经营以及企业歇业清算、破产清算时，必须进行资产评估，并以评估价值作为所有权或使用权转让的依据。评估集体资产应由取得资产评估资格证书的农村集体资产评估机构和其他社会评估中介机构进行。各地必须按规定程序设立农村集体资产评估机构，经批准并取得农村集体资产评估资格证书开展评估业务。

3. 加强对农村集体经济和合作经济的财务管理和审计工作

各级农经主管部门要会同有关部门切实加强对农村集体经济组织财务管理和审计工作的指导和管理。要按民主理财的原则，加强农村集体经济组织财务、会计制度的建设。对集体经济组织和集体资产占用单位，原则上每年都要进行一次全面审计，并根据需要不定期地进行专项审计。要加强农村集体经济审计队伍的建设，建立健全规章制度，使这项工作逐步做到规范化、制度化。农村合作经济组织要按照国家新制定的《村集体经济组织会计制度》的要求，做好账改培训工作。

（三）农村集体经济组织产权制度改革

1. 农村集体经济组织产权制度改革的必要性

农村集体经济组织产权制度改革是我国农村城镇化和工业化发展新形势下，生产力发展对生产关系调整提出的要求。近年来，农村特别是城郊结合部和沿海发达地区集体经济组织资产及其成员都出现了新的变化，农村集体经济组织成员转为城镇居民增多，流动人口进入较富裕地区增多，部分地区村集体经济组织成员构成日趋复杂。同时，在城镇化进程中，原集体经济组织征地补偿费、集体不动产收益在集体成员中的分配问题、原集体经济组织成员对集体资产的权益及份额等问题凸显出来，需要通过农村集体经济组织产权制度改革来加以明晰及妥善解决。

2. 农村集体经济组织产权制度改革的目标要求

推进以股份合作为主要形式，以清产核资、资产量化、股权设置、股权界定、股权管理为主要内容的农村集体经济组织产权制度改革，建立"归属清晰、权责明确、利益共享、保护严格、流转规范、监管有力"的农村集体经济组织产权制度，明确农村集体经济组织的管理决策机制、收益分配机制，健全保护农村集体经济组织和成员利益的长效机制，构建完善的农村集体经济组织现代产权运行体制。

3. 严格农村集体经济组织产权制度改革的程序

（1）制订方案。实行改革的村集体经济组织要建立在村党组及村委会领导下的，由村集体经济组织负责人、民主理财小组成员和村集体经济组织成员代表共同组成的村集体经济组织产权制度改革领导小组和工作班子，组织实施改革工作。领导小组拟订的改革具体政策和实施方案，必须张榜公布，经村集体经济组织成员大会2/3以上成员同意后通过，报县（市、区）级人民政府备案。

（2）清产核资。由县乡农村经营管理部门和产权制度改革领导小组联合组成清产核资小组，对村集体经济组织所有的各类资产进行全面清理核实。要区分经营性资产、非经营性资产和资源性资产，分别登记造册；要召开村集体经济组织成员大会，对清产核资结果进行审核确认。对得到确认的清产核资结果，要及时在村务公开栏张榜公布，并上报乡（镇）农村经营管理部门备案。在进行清产核资的同时，要依照相关政策法规妥善处理"老股金"等历史遗留问题。

（3）资产量化。在清产核资的基础上，合理确定折股量化的资产。对经营性资产、非经营性资产以及资源性资产的折股量化范围、折股量化方式等事项，提交村集体经济组织成员大会讨论决定。

（4）股权设置。各地根据实际情况由村集体经济组织成员大会讨论决定股权设置。原则上可设置集体股、个人股。集体股是按照集体资产净额的一定比例折股量化，由全体成员共同所有的资产，集体股所占总股本的比例由村集体经济组织成员大会讨论决定，也可以根据实际情况不设立集体股；个人股按集体资产净额的总值或一定比例折股量化，无偿或部分有偿地由符合条件的集体经济组织成员按份享有。

（5）股权界定。股份量化中股权分配对象的确认、股权配置比例的确定，除法律、法规和现行政策有明确规定外，要张榜公布，反复协商，并提交村集体经济组织成员大会民主讨论，经2/3村集体经济组织成员通过后方可实施。

（6）股权管理。集体资产折股量化到户的股权确定后，要及时向股东出具股权证书，作为参与管理决策、享有收益分配的凭证，量化的股权可以继承，满足一定条件的情况下可以在本集体经济组织内部转让，但不得退股。同时，村集体经济组织要召开股东大会，选举产生董事会、监事会，建立符合现代企业管理要求的集体经济组织治理结构。

（7）资产运营。产权制度改革后，村集体经济组织可以选择合适的市场主体形式，成立实体参与市场竞争，也可以选择承包、租赁、招标、拍卖集体资产等多种方式进入市场。要以市场的思维、市场的方式参与市场竞争，管理集体资产，提高运营效率，增加农民收入，发展集体经济。

（8）收益分配。改制后的集体经济组织，按其成员拥有股权的比例进行收益分配。要将集体经济组织收益分配到人，确保农民利益。改制后集体经济组织的年终财务决算和收益分配方案，提取公积金、公益金、公共开支费用和股东收益分配的具体比例由董事会提出，提交股东大会或村集体经济组织成员大会讨论决定。

（9）监督管理。完成产权制度改革的村集体经济组织，要及时制定相应的股份合作组织章程，实行严格的财务公开制度；要发挥监事会的监督管理作用，保障村集体经济组织成员进行民主管理、民主决策、民主监督，保障村集体经济组织成员行使知情权、监督权、管理权和决策权；各级农村经营管理部门要加强对农村集体经济组织的业务指导，开展审计监督管理。

第三节　农业产业化经营及主要形式

一、农业产业化经营的概念

农业产业化经营，是指以市场为导向，以家庭承包经营为基础，依靠龙头企业、农民专业合作经济组织以及其他各种中介组织的带动与连接，立足于当地资源优势，确立农业主导产业和主导产品，将农业再生产过程中的产前、产中、产后诸环节连接成为完整的产业链条，实行种养加、产供销、贸工农等多种形式的一体化经营，把分散的农户小生产联结成为社会化、专业化的规模生产，形成系统内部有机结合、相互促进和"收益共享、风险共担"的经营机制，在更大范围内实现资源优化配置和农产品多次增值的一种新型农业生产经营形式。

农业产业化经营是我国农村经济改革与发展的产物，是我国农业经营体制的又一重大创造，是农业组织形式和经营机制的创新。改革开放以来，我国农村普遍推行了家庭承包责任制，生产关系顺应了生产力发展的要求，农业生产力迅速得到恢复和提高。随着农村改革的深入和社会主义市场经济的进一步发展，农业和农村经济发展进程中的一些新矛盾、新问题日益显示出来，农业市场化的要求与现行经济体制之间存在着种种不相适应的矛盾和问题：一是分散的农户小生产与大市场之间的矛盾；二是农户经营规模狭小与实现农业现代化的矛盾；三是农业比较效益低的问题日趋明显，农民收入增长趋缓，城乡居民收入差距重新扩大；四是农业富余劳动力转移与就业门路狭小之间的矛盾；五是农业产业分割、部门分割，严重妨碍了农业的进一步发展。各地在实践中，逐步探索出解决上述矛盾的一些新的思路和途径，其中重要的一条就是农业产业化经营。

二、农业产业化的基本思路

确定主导产业，实行区域布局，依靠龙头带动，发展规模经营，实行市场牵龙头，龙头带动基地，基地连农户的产业组织形式。它的基本类型主要有：市场连接型、龙头企业带动型、农科教结合型、专业协会带动型等。

三、农业产业化经营的主要特征

农业产业化经营与传统封闭的农业生产经营相比，具有以下一些基本特征。

1. 市场化

市场是农业产业化的起点和归宿。农业产业化的经营必须以国内外市场为导向，改变传统的小农经济自给自足、自我服务的封闭式状态，其资源配置、生产要素组合、生产资料和产品购销等靠市场机制进行配置和实现。

2. 区域化

农业产业化的农副产品生产，要在一定区域范围内相对集中连片，形成比较稳定的区域化的生产基地，以防生产布局过于分散造成管理不便和生产不稳定。

3. 专业化

生产、加工、销售、服务专业化。农业产业化经营要求提高劳动生产率、土地生产率、资源利用率和农产品商品率等，这些只有通过专业化才能实现。特别是作为农业产业化经营基础的农副产品生产，要求把小而分散的农户组织起来，进行区域化布局，专业化生产，在保持家庭承包责任制稳定的基础上，扩大农户外部规模，解决农户经营规模狭小与现代农业要求的适度规模之间的矛盾。

4. 规模化

生产经营规模化是农业产业化的必要条件，其生产基地和加工企业只有达到相当的规模，才能达到产业化的标准。农业产业化只有具备一定的规模，才能增强辐射力、带动力和竞争力，提高规模效益。

5. 一体化

产加销一条龙、贸工农一体化经营，把农业的产前、产中、产后环节有机地结合起来，形成"龙"型产业链，使各环节参与主体真正形成风险共担、处益均沾、同兴衰、共命运的利益共同体。这是农业产业化的实质所在。

6. 集约化

农业产业化的生产经营活动要符合"三高"要求，即科技含量高，资源综合利用率高，效益高。

7. 社会化

服务体系社会化。农业产业化经营，要求建立社会化的服务体系，对一体化的各组成部分提供产前、产中、产后的信息、技术、资金、物资、经营、管理等的全程服务，促进各生产经营要素直接、紧密、有效的结合和运行。

8. 企业化

即生产经营管理企业化。不仅农业产业的龙头企业应是规范的企业化运作，而且其农副产品生产基地为了适应龙头企业的工商业运行的计划性、规范性和标准化的要求，应由传统农业向规模化的设施农业、工厂化农业发展，要求加强企业化经营与管理。

四、发展农业产业化经营的主要途径

1. 完善农业产业化经营机制

发展农业产业化经营，始终要坚持为农民服务的方向。

（1）鼓励产业化经营组织与农户签订产销合同，确定最低收购保护价，通过开展定向投入、定向服务、定向收购等方式，为农户提供种养技术、市场信息、生产资料和产品销售等多种服务。

（2）大力发展订单农业，规范合同内容，明确权利责任，提高订单履约率，引导龙头企业与农户形成相对稳定的购销关系。

（3）鼓励龙头企业采取设立风险资金、利润返还等多种形式，与农户建立更加紧密的利益关系。

（4）引导农民以土地承包经营权、资金、技术、劳动力等生产要素入股，实行多种形式的合作，与龙头企业结成利益共享、风险共担的利益共同体。无论采取哪种利益联结方式，都要遵循自主自愿、平等互利、风险共担的原则，充分考虑农业产业特点、市场发育状况、企业经营能力和农民的认识程度等因素。

2. 培育龙头企业和企业集群示范基地

围绕农产品优势产业带建设，抓紧建立一批产业关联度大、精深加工能力强、规模集约水平高、辐射带动面广的龙头企业集群示范基地。按照"扶优、扶大、扶强"的原则，培育壮大一批起点高、规模大、带动力强的龙头企业。依托农产品专业化、规模化生产区域，大力发展农产品精深加工，延长产业链条，提高农产品附加值和综合效益。鼓励和引导龙头企业优先使用国内原料和机械装备。支持具有比较优势的龙头企业，以资本运营和优势品牌为纽带，盘活资本存量，整合资源要素，开展跨区域、

跨行业、跨所有制的联合与合作，组建企业集团，推进优势产品向优势企业集中、优势企业向优势产业和优势区域集聚。鼓励有条件的龙头企业进行现代企业制度改革，争取上市融资，增强龙头企业的辐射带动力。农业产业化龙头企业要强化公司责任，当守法经营、诚信经营的模范，不断密切与农户的利益联结关系，把发展农村经济和带动农民增收致富作为企业发展的重要任务，积极参与社会主义新农村建设。

3. 发展农村各类中介服务组织

鼓励龙头企业、农业科技人员和农村能人以及各类社会化服务组织，创办或领办各类中介服务组织，培育和扶持专业大户和经纪人队伍，提高农民组织化程度。引导农民按照自愿互利的原则兴办农民专业合作经济组织，坚持民办民管民受益，实行民主管理、民主决策。鼓励专业合作经济组织开展跨区域经营，壮大自身实力，增强服务功能。进一步扩大农民专业合作经济组织试点范围，认真总结推广"龙头企业＋合作组织＋农户"和"农产品行业协会＋龙头企业＋合作组织＋农户"的经验。充分发挥行业协会、商会等中介组织的作用，建立有序的行业自律机制，维护行业内企业和农户的合法权益。鼓励和支持龙头企业建立为农户服务的各种服务组织。

4. 加强农业产业化基地建设

制定完善农业产业化发展规划，结合优势农产品产业带建设和龙头企业加工需要，突出重点，突出特色，合理布局，建设专业化、规模化、优质化、标准化的农产品生产基地。将推进"一村一品"纳入基地建设，积极发展品质优良、特色明显、附加值高的优势农产品。在农户家庭经营基础上，进一步建立和完善农村土地承包经营权流转机制，使家庭承包经营的优越性与农业产业化经营的优势有机结合、相互促进，提高农业的规模效益。鼓励和支持东部地区的龙头企业积极参与中部崛起、西部大开发，到中西部地区建设生产基地，把当地的资源优势转化为企业的经营优势。围绕基地建设，加强农田水利、土地整治、道路交通、流通设施、通讯信息等基础设施建设，不断改善生产条件，提高综合生产能力。尽快建立并完善与基地生产相配套的信息化服务、动植物防疫检疫、农产品质量安全检测的社会化服务体系。

5. 提高农产品质量安全水平

以优质专用、无公害及绿色食品为目标，尽快修订和完善农产品质量标准、产地环境标准、生产技术规范，按照优质、高效、安全、生态的要求，建立起一整套与国际接轨的标准体系。引导基地生产推进绿色、无公害、有机产品产地、基地认证，提高农产品市场竞争力。建立农产品质检制度和生产记录等可追溯制度，完善质检手段，确保农产品质量安全。龙头企业要率先实现标准化生产，逐步推行 ISO9000、ISO14000、HACCP 等质量管理体系认证，加快与国际接轨步伐。严格农产品质量安全市场准入制度，通过定量包装、标识标志、商品条码等手段，加速推行农产品流通领域的标准化管理。支持龙头企业实施品牌战略，提高产品质量档次，创立一批在市场上叫得响、占有率高的名牌产品。

6. 强化科技创新能力

结合国家农业科技创新体系建设，抓紧构建农产品加工科技创新体系和推广应用平台，重点突破一批重大、共性的关键技术，培育科技人才队伍，增强科技自主创新能力。龙头企业要加快技术开发和技术创新，改进加工工艺，促进科研成果向现实生产力转化，不断提高农产品精深加工水平和产品档次。积极构建以龙头企业为主体、产学研相结合的农业科技创新体系，鼓励和支持龙头企业与高等院校、科研院所合作共建研发机构，对关键技术开展联合攻关，开发具有自主知识产权的专用新品种、新技术、新产品，以科技创新推进产业升级。要加强农业科技成果转化，大力组织实施农业品种、技术更新工程，加速品种技术更新步伐。加强与农技推广服务部门的合作，大力推进农民就业培训和"绿色证书"工程，使龙头企业成为农业科技入户和培训农民的有效载体。

7. 开拓国内外市场

龙头企业要坚持以市场需求为导向，充分利用国内外两种资源，实施"引进来"和"走出去"战略，主动参与国际国内分工与协作，有序开拓国内外市场。要研究制定农产品流通龙头企业的扶持政策，积极培育大型流通龙头企业，在大宗、重要农产品主产地、集散地，培育和发展一批有规模、有影响的农产品综合或专业市场，加快农村流通服务业的发展。大力发展外向型龙头企业，引导龙头企业加强对国际市场行情和国际贸易政策的收集研究，优化贸易商品结构。龙头企业要不断提高国际竞争能力，大力开拓国外市场，扩大优势农产品出口；同时还要积极开展跨国投资经营，充分利用国外农业资源，为农业产业化发展开辟新的市场空间。

8. 实现可持续发展

积极探索农业资源保护和合理利用的有效途径，切实转变增长方式，推进农业产业化经营可持续发展。要发展绿色经济，把基地建设与改善农业生态环境有机结合起来，加大农业污染防治力度；发展集约经济，提高农业的有机构成，最大限度地提高资源利用率和土地产出率；发展生物质经济，推动农产品初加工后的副产品及其有机废弃物的系列开发，实现增值增效；发展循环经济，鼓励龙头企业使用节电、节油农业机械和农产品加工设备，努力实现低消耗、低排放、高效率，促进再生资源的循环利用和非再生资源的节约利用。龙头企业要建立安全生产责任制，对职工开展安全教育培训，确保企业生产安全。

第四节　农民专业合作社及国家有关扶持政策

一、农民专业合作社的概念

《中华人民共和国农业法》（以下简称《农业法》）第 11 条规定了农民专业合作经济组织的性质、宗旨、原则和建立程序。根据该条的规定，农民专业合作经济组织是合作社性质的经济组织。农业合作社是世界上解决农产品分散经营与大市场矛盾的主要方式，我国的农业产业化发展过程中，各种农民专业合作经济组织也正迅速发展，并对促进农业产业化经营发挥了重要作用。通过农民专业合作经济组织，农民将生产、加工、流通等环节联成一体，形成合作经济性质的产业化经营体系，使农民参与加工、销售环节的利润分配，获得了更高的经济效益。

二、国家有关扶持政策

河南作为农业大省，合作社发展迅猛。为了鼓励农民专业合作社发展，河南省人民政府出台了《河南省人民政府关于大力发展农民专业合作组织的意见》（豫政〔2005〕23 号）。2009 年，国家 11 部委联合下发《关于开展农民专业合作社示范社建设行动的意见》，财政部、国家税务总局下发了《关于农民专业合作社有关税收政策的通知》（财税〔2008〕81 号）。根据这些政策规定及《农民专业合作社法》，河南省政府制定了相应的优惠政策和措施，从资金投入、信贷服务、税收优惠、用地用电等方面给予政策倾斜。

（一）优惠政策

1. 税收

农民专业合作社销售本社成员生产的农业产品免征增值税，

增值税一般纳税人从农民专业合作社购进的免税农业产品可按13%的扣除率计算抵扣增值税进项税额。农民专业合作社向本社成员销售农膜、种子、种苗、化肥、农药、农机免征增值税。农民专业合作社与本社成员签订的农业产品和农业生产资料购销合同免征印花税。对农民专业合作社销售本社成员生产的农业产品，视同农业生产者销售自产农业产品免征增值税；把农民专业合作社全部纳入农村信用评定范围。

农民专业合作社从事农业机耕、排灌、病虫害防治、植物保护、农牧保险以及相关技术培训业务，家禽、牲畜、水产动物的配种和疾病防治的业务收入，免征营业税。农民专业合作社自办企业从事灌溉、农产品初加工、兽医、农技推广、农机作业和维修等农、林、牧、渔服务业项目的所得，按照税法规定免征企业所得税。农民专业合作社自办企业在一个纳税年度内，符合条件的技术转让所得不超过500万元的部分，免征企业所得税；超过500万元的部分，减半征收企业所得税。农民专业合作社自办企业从事农作物新品种的选育、林木的培育和种植、林产品的采集、蔬菜、谷物、薯类、油料、豆类、棉花、麻类、糖料、水果和坚果的种植，花卉、茶以及其他饮料作物和香料作物的种植项目所得，按照《中华人民共和国企业所得税法实施条例》规定予以减征和免征企业所得税。农民专业合作社直接用于农、林、牧、渔业的生产用地免缴土地使用税。农民专业合作社依法整治和改造的废弃土地，从使用的月份起免缴土地使用税5年。

2. 农民专业合作社生产用地

农民专业合作社的农产品生产基地、农机停放及维修场所、农产品临时性收购场所、设施农业用地和按照乡镇土地利用总体规划兴办规模化畜禽养殖场用地及绿化隔离带用地（附属的管理和生活用房等永久性建筑用地除外），按照农用地管理，不需办理农用地转用审批手续，可由乡村集体经济组织协调，动员群众采取租赁、经营权入股等流转方式优先予以解决。农民专业合作社兴办加工企业所需非农建设用地，国土资源部门要优先安排用地计划，及时办理用地手续。

3. 农民专业合作社从事种植、养殖、农机维修服务等生产经营活动的用水用电，执行农业生产用水用电价格标准

农民专业合作社在办理设立、变更或注销相关登记和组织机构代码证、项目环境影响评价等事项时，有关部门要提供便捷服务并不得收取任何费用。农民专业合作社运输鲜活农产品，享受"绿色通道"通行优惠。

4. 鼓励和支持农民专业合作社拥有自主注册商标，开展无公害农产品、绿色食品、有机食品生产基地和地理标志产品保护等相关认证

农民专业合作社申请无公害农产品、绿色食品、有机食品、农产品原产地认证和地理标志产品保护以及注册商标，可享受有关优惠政策。农民专业合作社获得中国驰名商标、中国名牌产品、河南省名牌产品、河南省著名商标、出口食品农产品质量安全示范区证书和地理标志产品保护的荣誉，要给予适当奖励。农民专业合作社建设出口食品农产品质量安全示范区，有关部门要给予指导和扶持。

（二）加大扶持力度

1. 财政扶持

2003—2010 年，中央财政累计安排专项资金超过 18 亿元，主要用于扶持农民专业合作社增强服务功能和自我发展能力。农机购置补贴财政专项对农民专业合作社优先予以安排。2010年农业部等 7 部委决定，对适合农民专业合作社承担的涉农项目，将农民专业合作社纳入申报范围；尚未明确将农民专业合作社纳入申报范围的，应尽快纳入并明确申报条件；今后新增的涉农项目，只要适合农民专业合作社承担的，都应将农民专

业合作社纳入申报范围，明确申报条件。目前，农业部蔬菜园艺作物标准园创建、畜禽规模化养殖场（小区）、水产健康养殖示范场创建、新一轮"菜蓝子"工程、粮食高产创建、标准化示范项目、国家农业综合开发项目等相关涉农项目，均已开始委托有条件的有关农民专业合作社承担。国家和省支持发展农业和农村经济的投资项目，可优先安排有条件的农民专业合作社、农业综合开发、扶贫开发、农田基本建设、小型水利工程、农业产业化、农业标准化生产、农业科技入户工程、农业技术推广、农村信息网、农村实用人才和"阳光工程"、农机作业补贴等各类农业财政专项和基本建设项目，要优先在符合条件的农民专业合作社实施。

2. 金融支持

把农民专业合作社全部纳入农村信用评定范围；加大信贷支持力度，重点支持产业基础牢、经营规模大、品牌效应高、服务能力强、带动农户多、规范管理好、信用记录良的农民专业合作社；支持和鼓励农村合作金融机构创新金融产品，改进服务方式；鼓励有条件的农民专业合作社发展信用合作。进一步扩大农民专业合作社申请贷款用于担保的财产范围和增加财产抵（质）押贷款品种。鼓励发展具有担保功能的农民专业合作社，采用联保、担保基金和风险保证金等联合增信方式，为成员贷款提供担保。对获得县级以上"农民专业合作社示范社"称号或受到地方政府奖励以及投保农业保险的农民专业合作社，要在同等条件下给予贷款优先、利率优惠、额度放宽、手续简化等优惠。

鼓励把对农民专业合作社法人授信与对合作社成员单体授信相结合，采取"宜户则户、宜社则社"的办法，提供信贷优惠和服务便利。将农户信用贷款和联保贷款机制引入农民专业合作社信贷领域，积极满足农民专业合作社小额贷款需求。对资金需求量大、信誉度高的农民专业合作社，可以运用政府风险金担保、农业产业化龙头企业担保等抵押担保方式，最大限度地给予资金支持。鼓励农民专业合作社借助担保公司、农业产业化龙头企业等相关农村市场主体，扩大成员融资的担保范围和融资渠道，提高融资效率。

3. 人才支持

按照逐级培训的原则，制定培训计划，安排培训经费，对农民专业合作社理事长、财会人员等进行培训，实施"阳光工程"、"农村劳动力技能就业计划"等农村劳动力培训项目时，优先安排农民专业合作社成员接受培训。鼓励和支持农技人员、高校毕业生领办或创办农民专业合作社，鼓励和支持基层农业技术推广部门、科研院所、大中专院校及农业产业化龙头企业与农民专业合作社开展技术合作，鼓励和支持科研人员以知识产权出资加入农民专业合作社，鼓励和支持高等院校和职业学校毕业生到农民专业合作社就业。

4. 支持鲜活农产品"农超对接"政策

开展"农超对接"（引导大型连锁超市直接与鲜活农产品产地的农民专业合作社对接）试点，是促进农民专业合作社又好又快发展的有效途径。国家支持"农超对接"的政策措施主要有：一是加大"农超对接"政策支持力度。支持超市加快冷链系统、物流配送中心等流通基础设施建设，支持合作社建设冷藏保鲜设施、配置冷藏运输工具、检验检测设备等。超市从农民专业合作社购进的免税农产品，可按 13% 的扣除率计算抵扣增值税进项税额。二是鼓励农民专业合作社做大做强。鼓励同类农产品合作社在自愿的基础上开展联合与合作，充分发挥集聚效应，形成规模效益，提高均衡供应超市农产品的能力。三是推进农产品标准化生产和流通。支持农民专业合作社率先实施标准化生产，加强安全生产记录管理，依据农产品流通相关标准，对农产品进行分级、包装、加贴标识，创建品牌，实现合作社产品质量可追溯。

继续支持符合条件的农民专业合作社开展蔬菜园艺作物标准园、畜禽养殖标准化扶持项目、水产健康养殖示范场创建。引导农民专业合作社根据超市的需求，实行统一采购种苗、统一采购和使用农资、统一记载田间档案、统一采收产品、统一检测农残。四是降低"农超对接"门槛。严禁超市向合作社收取进场费、赞助费、摊位费、条码费等不合理费用，严禁任意拖欠货款。超市一般应采取日结的方式收购蔬菜等生鲜农产品，尽量缩短账期。鼓励超市和合作社签订长期对接合同，建立长期、稳定、紧密的对接关系，提高合同契约意识和诚信意识。

三、规范农民专业合作社建设

（一）加强农民专业合作社制度建设

农民专业合作社要按照《中华人民共和国农民专业合作社法》规定制定章程，向工商部门申请设立登记，建立成员（代表）大会、理事会、监事会等制度，规范理事长、执行监事和经理人员的责、权、利，保障全体成员对农民专业合作社内部各项事务的知情权、决策权、参与权和监督权。要按照《农民专业合作社财务会计制度（试行）》规定，建立健全财务管理制度、盈余分配制度和会计账簿，确保成员出资、公积金份额、生产资料与产品交易、盈余分配等产权资料记录准确无误。要建立良好的内部积累和风险防范机制，强化自身素质，增强自我发展能力，最大限度地增加成员收入。

（二）规范农民专业合作社生产经营行为

农民专业合作社要以其成员为主要服务对象，提供农业生产资料的购买和农产品的销售、加工、运输、储藏以及与农村经济发展有关的技术、信息服务。要在经营活动中遵守法律、法规，遵守社会公德、商业道德，切实做到诚实守信。要建立农产品安全生产记录和质量安全台账，健全农产品质量安全管理制度、农产品质量安全控制体系、农产品质量安全追溯制度，提高农产品质量安全水平。要发挥专业优势，不断提高生产经营的专业化、标准化、规模化和组织化程度。要开展多领域、多方式的联合和合作，实现生产、加工、销售、服务一体化综合发展。要逐步建立与大型连锁超市、农产品物流企业等稳定的产销关系，积极申报"农超对接"项目，发展农产品现代物流方式。有关部门要支持有出口创汇能力的农民专业合作社申请办理对外贸易经营者备案登记。

（三）建立和完善省、市、县三级示范引导体系

截至 2014 年 4 月底，全省依法登记的农民合作社达到81 372家，是 2007 年底的 75 倍，居全国第三位。各省辖市、县（市、区）要重点培育扶持一批民主管理好、经营规模大、带动能力强、发展前景好的农民专业合作社，使全省农民专业合作社示范化率有明显提升。各级政府要在资金、项目、土地等方面对本级农民专业合作社示范社给予重点扶持和奖励。

第三章 农村基础设施建设及耕地保护政策法规

第一节 加快农村基础设施建设

一、总体要求、基本目标和主要原则

农村基础设施系指为农村经济、社会、文化发展及农民生活提供公共服务的各种设施的总和。根据其所提供服务性质的不同大致可以分为以下3类：一是农业生产设施，如农田水利、基本农田建设等；二是农民生产生活设施，如农村安全饮水、电力沼气、交通、垃圾处理设施等；三是农村社会事业设施，如文化、教育、卫生设施等。农村基础设施是农村经济社会发展和农民生产生活改善的物质基础，也是社会主义新农村建设的重要内容。近几年来，随着农村经济社会的加快发展和各级各项扶持政策的相继出台落实，我国农村基础设施建设得到了新的加强，但与城市基础设施日新月异的变化相比，依然明显滞后，还远远不能满足农业发展、农民增收和全面建设小康社会的需要。2008年以来，国家大力调整投资结构，进一步加大了对农业和农村基础设施建设的投入力度，有效地改善了农村生产生活条件，有力地促进了农业农村发展和农民增收。

（一）总体要求

根据河南省2008年《加强农村基础设施建设搞好村容村貌整治推进新农村建设实施意见》，农村基础设施总体要求：全面

贯彻党的十七大和中央农村工作会议精神，深入落实科学发展观，坚持"生产发展、生活宽裕、乡风文明、村容整洁、管理民主"的社会主义新农村建设总体方针，按照形成城乡经济社会发展一体化新格局的要求，在积极促进农业发展、农民增收、努力保证主要农产品基本供给的基础上，以改善农民生产生活条件、提高农民生活质量为目标，突出加强农村基础设施和公共服务设施建设，抓好村庄布局及环境卫生综合整治，优化农村人居环境，改变农村整体面貌，推动社会主义新农村建设取得显著成效。

（二）基本目标

根据河南省2008年《加强农村基础设施建设搞好村容村貌整治推进新农村建设实施意见》，在农民人均纯收入超过5 000元的一类村庄，基础设施和公共服务设施齐全配套，村庄区划科学合理，建筑美观有序，绿化美化水平较高，居住环境良好，村庄管理水平较高，推动有条件的村庄发展成为农村新社区和社会主义新农村的样板；人均收入3 000～5 000元的二类村庄，基础设施和公共服务设施基本配套，村庄区划合理，建筑整齐有序，绿化水平较高，环境卫生状况较好，管理水平明显提高，建成一大批整洁、优美的村庄；人均收入3 000元以下的三类村庄，急需的基础设施和公共服务设施基本配套，对其中符合条件的贫困村，结合整村推进扶贫及异地迁建扶贫，使基础设施状况整体明显改善，并做到村庄建筑切实按规划建设，土地利用节约合理，绿化、环境卫生状况明显改善，村庄管理加强，整体面貌焕然一新。通过分类实施、整体推进，使全省农村基础设施、公共服务设施和环境卫生状况显著改观，实现一类村庄上水平、二类村庄上台阶、三类村庄变面貌，从根本上解决一些地方严重存在的房屋乱搭乱建、垃圾乱堆乱放、污水乱排乱流等问题，使广大农村随着生产力水平的不断提高逐步发展成为经济繁荣、设施完善、生态良好、环境优美、文明进步的新农村。

（三）主要原则

1. 政府引导，农民为主

政府要做好政策引导、组织发动等工作，并提供必要的财力、物力支持，主要依靠农民群众自力更生，团结奋斗，共建共享美好家园。

2. 规划先行，分类指导

坚持先规划后整治，按规划调整村庄建设布局，因地制宜，突出特色，保护好自然生态和历史文化遗存。

3. 积极作为，注重实效

利用现有条件，整合各方资源，统筹考虑经济发展水平和农民承受能力，实行小拆迁、大整治，不搞大拆大建，防止盲目攀比、搞形象工程。

4. 发扬民主，尊重民愿

认真履行民主程序，坚持科学民主决策，集中群众意见和智慧，不搞强迫命令。

5. 分批实施，整村推进

以县（市、区）为单位，合理安排参建村庄，建立分级负责制，实行竞争激励机制，集中力量，突出重点，确保建设和整治成效。

二、主要任务

根据 2010 年中共河南省委河南省人民政府《关于加大统筹城乡发展力度进一步夯实农业农村发展基础的实施意见》，加强村镇建设规划编制，全面完成县（市）域村镇体系规划，基本完成县（市）域村镇体系规划和村庄布局规划所确定的中心村（社区）规划编制。认真总结推广新乡经验，坚持科学规划、就业为本、群众自愿、量力而行，设立新农村建设专项资金，实行以奖代补，支持 350 个社会主义新农村示范村建设。抓好农村安全饮水工程建设，解决 300 万农村居民安全饮水问题。实施新一轮农村电网改造升级工程，继续实施小水电代燃料工程，推进水电新农村电气化县建设。积极推进农村公路"乡乡连、县县畅"工程，改建县乡公路 5 000km、通村公路 3 000km，改造大中危桥 2 万延米，重点安排南水北调丹江口库区移民村、社会主义新农村示范村和省级文化改革发展试验区等农村公路建设项目。开展绿色能源示范县（市）、乡镇建设，继续在适宜地区推进农村沼气建设，新建大中型沼气工程 200 座，新增户用沼气 20 万户，推进农村废物资源化、清洁化利用。加快推进农村危房改造，改造农村危房 6 万户，国有林场危旧房 5 967 户。加快农村邮政网络建设，新建 1 万个行政村邮站。继续加强农村环保，建立完善农村环保以奖促治、以奖代补机制，创建 407 个省级生态村和 82 个省级生态乡（镇），完成 5 000 个村（镇）绿化工程，继续实施"绿色家园"、"清洁家园"行动。开展农村排水、河道疏浚等试点，搞好垃圾、污水处理，完成 1 015 个乡生活垃圾中转运输设施建设，逐步形成组保洁、村收集、乡运输、县处理的农村生活垃圾处理新机制。采取有效措施防止城市、工业污染向农村扩散。实施"千村整治示范工程"。全力抓好南水北调丹江口库区移民安置，努力实现第一批 6.49 万移民平安和谐搬迁，启动第二批 8.61 万移民搬迁工作。继续抓好大中型水库移民后期扶持工作。

（一）乡村道路

在全省实现行政村通柏油路或水泥路的基础上，进一步提高县乡道路质量，构建农村交通良好的骨干网架，提高通达水平。合理规划布局，实行多元化投资，加快实施村村通延伸工程，逐步实现行政村之间、行政村与自然村之间通柏油路或水泥路，形成完善通畅的农村道路体系。有条件的村要硬化村内道路，努力实现"村内通"。一类村要率先完成；群众积极性高、资金筹措有保障的二类村要积极稳妥地推进；三类村中符合国家扶贫资金及以工代赈资金等支持条件的，要根据所在县（市、区）扶贫和以工代赈目标任务的整体要求，有计划、有重点地实施。2008年投资 60 亿元，修建改造县乡公路 7 000km，新建改造通村公路 8 000km，改造县乡公路危桥 1 万延米，改造渡口 150 道。

（二）农村饮水

以解决农村饮水安全为重点，加大对农村饮水安全工程的投入力度，进一步改善农村饮水条件。对城市、县城自来水厂能够覆盖的一类村，2008 年要全部用上方便、卫生的自来水，其他一类村要有 50% 实现户户通自来水，对于二类村，纳入国家饮水安全规划的，在国债资金支持下加快安全饮水工程实施步伐，不在国家规划且存在饮水安全问题的由当地政府和群众自筹解决，省采取"以奖代补"形式给予补助;；对于三类村，通过国债、扶贫开发、以工代赈等资金支持，有计划、有重点地改善饮水条件。要充分发挥现有饮水安全工程的作用，通过延伸管网尽可能扩大覆盖范围，让更多农民群众受益。在水质达标地区，要采取综合措施保护好饮用水水源。2008 年筹措资金约 10 亿元，其中国家和省安排 7.5 亿元，改善 1 万个村、1 500 万人的饮水条件，其中解决 2 000 个村、250 万人饮水安全问题。

（三）农村沼气

大力推进农村户用沼气建设，在养殖集中区加快大中型沼气工程和联户沼气建设，逐步完善农村沼气服务体系，保障已建沼气池正常发挥效用。有条件的地方要加快生活污水净化沼气池建设，加大"一池三改"实施力度，支持以沼气为纽带建设生态示范村。一二类村及纳入整村推进扶贫规划的村要根据群众意愿，因地制宜建设户用沼气或以大中型沼气及联户沼气为主体的集中供气工程；三类村要结合国家政策性资金的扶持，积极拓宽

筹资渠道，分期分批实施农村沼气建设。2008 年积极筹措资金
7.5 亿元，新增农村户用沼气 50 万户；建设各类大中型沼气工
程 200 座；推广生活污水净化沼气池 600 座。积极发展农村太阳
能，通过典型示范和县（市、区）政府适当补助、实物奖励等
方式加快推广普及步伐。

（四）农村电力

以提高农村供电质量为目标，进一步规范农村电网建设，提
高低压电网供电保证率，加快农村电气化建设步伐。扎实搞好
"盲点村"电网改造，开展农村排灌电网建设试点，推动有条件
的村实现村内主干道亮化。2008 年投入资金 28 亿元，新改建配
电台区 2 000 个，建设 10 千伏及以下线路 4 500 km，完成剩余
303 个行政村、涉及 22 万户的"盲点村"改造任务；建成 132
项县域内 110 千伏主网建设（改造）项目，新增线路 1 532.1
km，完成 1 000 个电气化村建设。

（五）连锁超市

积极实施万村千乡市场工程，大力推进新农村现代流通网络
建设工程，充分发挥供销社在农村商品流通中的主导作用，加大
农村经营网点建设力度，积极推动农村商品配送中心建设，加快
建立以集中采购、统一配送和连锁经营为主要方式的农村现代流
通服务网络。条件好的村要建成主要日用品及农资商品齐全的便
民超市，实现农民购买必要的生活生产资料不出村。2008 年投
入资金 6 000 万元，新建 1 万个以上农村连锁超市。切实抓好家
电下乡补贴试点工作，扩大农村家电消费，力争试点期内彩电、
冰箱、手机三大类家电产品销售总额突破 100 亿元。

（六）垃圾污水治理

以治理村内垃圾、秸秆乱堆乱放、污水乱排乱流为中心任
务，重点搞好农村生活垃圾和污水治理，逐步实现集中收集垃
圾、集中汇集污水、集中进行处理。组织清理积存垃圾，积极推

行"村收集、乡转运、县处理"的垃圾处理模式，有条件的村要建设垃圾站，实行定点存放、统一收集、定时清运、集中处理；其他村庄建设生活垃圾集中堆放设施，就地进行分类，能利用的进行资源化处理，不能利用的进行安全填埋。2008年争取筹资2亿元，建设村庄垃圾站（池）1 000个、村庄垃圾简易处理设施100个、乡镇垃圾集中处理设施50个。积极规划完善村庄排水设施，搞好农村河道、沟渠、坑塘综合治理。推动有条件的地方逐步将城郊乡村的生活污水纳入城市污水处理系统，支持工业、旅游强镇建设污水处理厂。其他村庄可采取沼气池、氧化池、坑塘等适当方式集中处理。全面实施秸秆禁烧，控制施用化肥和高残留农药，减少面源污染。要扎实深入地开展农村爱国卫生运动，务求取得突破性进展。

（七）卫生设施

以向农民群众提供优质、便捷、廉价的公共卫生和基本医疗服务为目标，加强农村公共卫生服务能力建设，全面完成乡镇卫生院改造任务，大力推动行政村标准化卫生室建设，全面普及新型农村合作医疗制度，着力扩大农村医疗救助覆盖面，资助符合条件的农村低保、五保对象和部分重点优抚对象参加新型合作医疗，对困难群体因大病住院进行医疗救助。2008年投入资金58亿元，其中省筹措14.5亿元，将新型农村合作医疗筹资标准由每人50元提高到100元，提前实现合作医疗覆盖全省农村居民的目标，建设8 000个标准化村卫生室。

（八）文化设施

着眼于丰富农村文化生活，倡导健康文明的乡风民俗，加快发展农村公共文化事业，重点完善乡村公共文化设施、文化服务网络和农村体育设施。搞好乡镇文化站建设，加快实施自然村广播电视村村通工程，发展有线电视入村进户，推进农村电影放映和文化信息资源共享工程，基本实现行政村通宽带。采取政府补助、群众参与、对口帮扶、社会捐助等形式，加快村级文化大院（活动室）建设。2008 年在 20 户以上已通电自然村实现广播电视村村通，保证 60% 以上行政村实现一村一月放映一场电影，建设 72 个乡镇综合文化站，扶持 1 万个村开展体育健身工程。同时，加大送书下乡和文化下乡工作力度，新建 2 000 个"农家书屋"，开展"百部流动舞台千场演出送农民"活动。

（九）村庄绿化

以绿化美化农村人居环境为目标，把村庄周围、村镇街道和农家庭院绿化紧密结合，扎实抓好围村林、行道树、庭院绿化美化工程建设。对不同类型的村镇采用不同的绿化布局和绿化模式，采用混交、多层的树种配置模式，形成多样化、生态功能与景观效果俱佳的村镇生态植被系统。通过补助林木种苗款等形式，并结合国家扶贫及以工代赈等政策性资金的使用，积极发展高效经济林木，实现较好的经济效益、生态效益和社会效益。2008 年全面启动林业生态省建设村（镇）绿化工程，计划筹措资金 1.83 亿元，其中省级投入资金 4 300 万元，完成 1 万个村（镇）的绿化美化。

三、保障措施

（一）科学制定规划

严格执行《中华人民共和国城乡规划法》等法律、法规，按照城乡统筹、合理布局、节约土地、集约发展的原则，合理编制村镇体系规划和村庄建设规划，引导村镇合理布局、有序发展，协调安排好区域性基础设施与公共服务设施，实现区域共建共享。要尊重村民意愿，统筹规划住宅、道路、供水、排水、供电、文化、卫生、商业、垃圾收集、畜禽养殖场所等农村生产、生活服务设施、公益事业设施等布局。强化建设规划的基础性指导地位，坚持一张蓝图绘到底。各级政府要切实保障村庄建设规划、农房设计等所需经费。结合"空心村"治理，加强住宅建设用地管理，严禁村民违规沿公路建房。住宅建设用地要先行安排利用村内空闲地、闲置宅基地，逐步清理一户多宅。对分散、易发自然灾害、不适宜居住的村庄，实施易地规划，稳步推进整体迁建。各地要加强对农民建房的技术服务，向农民免费提供经济安全适用、节地节能节材的住宅设计图样。

（二）加大投入力度采取多元化、多渠道、多层次筹资方式，加大对新农村建设的投入

省、市、县级财政对"三农"投入增长的幅度要确保高于本级财政经常性收入的增长幅度。财政支农投入的增量要明显高于上年，固定资产投资用于农村的增量要明显高于上年。提高政府土地出让收入用于新农村建设的比重。调整耕地占用税使用方向，新增收入向农村基础设施建设倾斜。调整城市维护建设税使用范围，各地预算安排的城市维护建设支出要确定部分资金用于乡村规划、基础设施的建设和维护。省政府从 2008 年起设立专项引导资金，采取"以奖代补"方式支持各地加强农村基础设施建设和村容村貌整治。进一步加大涉农资金整合力度，集中现有各部门、各专项的涉农资金，在不改变管理渠道和投向的前提下由县级政府统筹协调，按照农村建设和整治规划要求，集中用于整村推进的相关项目建设。制定优惠政策，鼓励和调动金融、企业和社会力量投资农村基础设施建设。

（三）创新管理机制

加快建立农村基础设施管护长效机制，切实改变长期以来存在的重建设、轻管理的现象。各地要按照"谁投资、谁拥有、谁受益、谁负责"的原则，结合当地实际，针对不同类型的工程设施，加快农村基础设施产权制度改革。对于单个农户受益的项目，实行自建、自有、自用、自管；对于受益人口相对分散，产权难以分割的工程，可通过承包、租赁、股份合作等方式将所有

权与经营权分离，实行经营权与工程管护责任相统一；对于具有一定收益、适合经营的基础设施，可通过公开拍卖转让工程的所有权和使用权，由购买者自主经营管理，并由其负责工程的管护，主管部门对其进行监督。要重视公共服务设施的集中配置和综合利用，有条件的村庄可将文化设施、卫生设施、超市、体育健身场所等相对集中，形成具有综合功能的农村社区服务中心。积极探索实行村民自主管理，使群众广泛参与农村各项管理工作，巩固建设和整治效果。切实抓好村庄整治的技术指导工作，要安排专业技术人员驻村指导。

第二节 加强农田水利基础设施建设的具体要求

水利是现代农业建设不可或缺的首要条件，是经济社会发展不可替代的基础支撑，是生态环境改善不可分割的保障系统，具有很强的公益性、基础性、战略性。加快水利改革发展，不仅事关农业农村发展，而且事关经济社会发展全局；不仅关系到防洪安全、供水安全、粮食安全，而且关系到经济安全、生态安全、国家安全。中共中央国务院 2010 年 12 月 31 日下发了《关于加快水利改革发展的决定》，该决定对农田水利基础设施建设提出了具体要求。

一、突出加强农田水利等薄弱环节建设

（一）大兴农田水利建设

到 2020 年，基本完成大型灌区、重点中型灌区续建配套和节水改造任务。结合全国新增千亿斤粮食生产能力规划实施，在水土资源条件具备的地区，新建一批灌区，增加农田有效灌溉面积。实施大中型灌溉排水泵站更新改造，加强重点涝区治理，完善灌排体系。健全农田水利建设新机制，中央和省级财政要大幅

增加专项补助资金，市、县两级政府也要切实增加农田水利建设投入，引导农民自愿投工投劳。加快推进小型农田水利重点县建设，优先安排产粮大县，加强灌区末级渠系建设和田间工程配套，促进旱涝保收高标准农田建设。因地制宜兴建中小型水利设施，支持山丘区小水窖、小水池、小塘坝、小泵站、小水渠等"五小水利"工程建设，重点向革命老区、民族地区、边疆地区、贫困地区倾斜。大力发展节水灌溉，推广渠道防渗、管道输水、喷灌滴灌等技术，扩大节水、抗旱设备补贴范围。积极发展旱作农业，采用地膜覆盖、深松深耕、保护性耕作等技术。稳步发展牧区水利，建设节水高效灌溉饲草料地。

（二）加快中小河流治理和小型水库除险加固

中小河流治理要优先安排洪涝灾害易发、保护区人口密集、保护对象重要的河流及河段，加固堤岸，清淤疏浚，使治理河段基本达到国家防洪标准。巩固大中型病险水库除险加固成果，加快小型病险水库除险加固步伐，尽快消除水库安全隐患，恢复防洪库容，增强水资源调控能力。推进大中型病险水闸除险加固。山洪地质灾害防治要坚持工程措施和非工程措施相结合，抓紧完善专群结合的监测预警体系，加快实施防灾避让和重点治理。

（三）抓紧解决工程性缺水问题

加快推进西南等工程性缺水地区重点水源工程建设，坚持蓄引提与合理开采地下水相结合，以县域为单元，尽快建设一批中小型水库、引提水和连通工程，支持农民兴建小微型水利设施，显著提高雨洪资源利用和供水保障能力，基本解决缺水城镇、人口较集中乡村的供水问题。

（四）提高防汛抗旱应急能力

尽快健全防汛抗旱统一指挥、分级负责、部门协作、反应迅速、协调有序、运转高效的应急管理机制。加强监测预警能力建设，加大投入，整合资源，提高雨情汛情旱情预报水平。建立专业化与社会化相结合的应急抢险救援队伍，着力推进县乡两级防汛抗旱服务组织建设，健全应急抢险物资储备体系，完善应急预案。建设一批规模合理、标准适度的抗旱应急水源工程，建立应对特大干旱和突发水安全事件的水源储备制度。加强人工增雨（雪）作业示范区建设，科学开发利用空中云水资源。

（五）继续推进农村饮水安全建设

到 2013 年解决规划内农村饮水安全问题，"十二五"期间基本解决新增农村饮水不安全人口的饮水问题。积极推进集中供水工程建设，提高农村自来水普及率。有条件的地方延伸集中供水管网，发展城乡一体化供水。加强农村饮水安全工程运行管理，落实管护主体，加强水源保护和水质监测，确保工程长期发挥效益。制定支持农村饮水安全工程建设的用地政策，确保土地供应，对建设、运行给予税收优惠，供水用电执行居民生活或农业排灌用电价格。

二、全面加快水利基础设施建设

（一）继续实施大江大河治理

进一步治理淮河，搞好黄河下游治理和长江中下游河势控制，继续推进主要江河河道整治和堤防建设，加强太湖、洞庭湖、鄱阳湖综合治理，全面加快蓄滞洪区建设，合理安排居民迁建。搞好黄河下游滩区安全建设。"十二五"期间抓紧建设一批流域防洪控制性水利枢纽工程，不断提高调蓄洪水能力。加强城市防洪排涝工程建设，提高城市排涝标准。推进海堤建设和跨界河流整治。

（二）加强水资源配置工程建设

完善优化水资源战略配置格局，在保护生态前提下，尽快建设一批骨干水源工程和河湖水系连通工程，提高水资源调控水平和供水保障能力。加快推进南水北调东中线一期工程及配套工程建设，确保工程质量，适时开展南水北调西线工程前期研究。积极推进一批跨流域、区域调水工程建设。着力解决西北等地区资源性缺水问题。大力推进污水处理回用，积极开展海水淡化和综合利用，高度重视雨水、微咸水利用。

（三）搞好水土保持和水生态保护

实施国家水土保持重点工程，采取小流域综合治理、淤地坝建设、坡耕地整治、造林绿化、生态修复等措施，有效防治水土流失。进一步加强长江上中游、黄河上中游、西南石漠化地区、东北黑土区等重点区域及山洪地质灾害易发区的水土流失防治。继续推进生态脆弱河流和地区水生态修复，加快污染严重江河湖泊水环境治理。加强重要生态保护区、水源涵养区、江河源头区、湿地的保护。实施农村河道综合整治，大力开展生态清洁型小流域建设。强化生产建设项目水土保持监督管理。建立健全水土保持、建设项目占用水利设施和水域等补偿制度。

（四）合理开发水能资源

在保护生态和农民利益前提下，加快水能资源开发利用。统筹兼顾防洪、灌溉、供水、发电、航运等功能，科学制定规划，积极发展水电，加强水能资源管理，规范开发许可，强化水电安全监管。大力发展农村水电，积极开展水电新农村电气化县建设和小水电代燃料生态保护工程建设，搞好农村水电配套电网改造工程建设。

（五）强化水文气象和水利科技支撑

加强水文气象基础设施建设，扩大覆盖范围，优化站网布局，着力增强重点地区、重要城市、地下水超采区水文测报能力，加快应急机动监测能力建设，实现资料共享，全面提高服务水平。健全水利科技创新体系，强化基础条件平台建设，加强基础研究和技术研发，力争在水利重点领域、关键环节和核心技术上实现新突破，获得一批具有重大实用价值的研究成果，加大技术引进和推广应用力度。提高水利技术装备水平。建立健全水利行业技术标准。推进水利信息化建设，全面实施"金水工程"，加快建设国家防汛抗旱指挥系统和水资源管理信息系统，提高水资源调控、水利管理和工程运行的信息化水平，以水利信息化带动水利现代化。加强水利国际交流与合作。

三、建立水利投入稳定增长机制

（一）加大公共财政对水利的投入

多渠道筹集资金，力争今后 10 年全社会水利年平均投入比 2010 年高出一倍。发挥政府在水利建设中的主导作用，将水利作为公共财政投入的重点领域。各级财政对水利投入的总量和增幅要有明显提高。进一步提高水利建设资金在国家固定资产投资中的比重。大幅度增加中央和地方财政专项水利资金。从土地出让收益中提取 10% 用于农田水利建设，充分发挥新增建设用地土地有偿使用费等土地整治资金的综合效益。进一步完善水利建设基金政策，延长征收年限，拓宽来源渠道，增加收入规模。完善水资源有偿使用制度，合理调整水资源费征收标准，扩大征收范围，严格征收、使用和管理。有重点防洪任务和水资源严重短缺的城市要从城市建设维护税中划出一定比例用于城市防洪排涝和水源工程建设。切实加强水利投资项目和资金监督管理。

（二）加强对水利建设的金融支持

综合运用财政和货币政策，引导金融机构增加水利信贷资金。有条件的地方根据不同水利工程的建设特点和项目性质，确定财政贴息的规模、期限和贴息率。在风险可控的前提下，支持农业发展银行积极开展水利建设中长期政策性贷款业务。鼓励国家开发银行、农业银行、农村信用社、邮政储蓄银行等银行业金融机构进一步增加农田水利建设的信贷资金。支持符合条件的水利企业上市和发行债券，探索发展大型水利设备设施的融资租赁业务，积极开展水利项目收益权质押贷款等多种形式融资。鼓励和支持发展洪水保险。提高水利利用外资的规模和质量。

（三）广泛吸引社会资金投资水利

鼓励符合条件的地方政府融资平台公司通过直接、间接融资方式，拓宽水利投融资渠道，吸引社会资金参与水利建设。鼓励农民自力更生、艰苦奋斗，在统一规划基础上，按照多筹多补、多干多补原则，加大一事一议财政奖补力度，充分调动农民兴修农田水利的积极性。结合增值税改革和立法进程，完善农村水电增值税政策。完善水利工程耕地占用税政策。积极稳妥推进经营性水利项目进行市场融资。

四、实行严格的水资源管理制度

（一）建立用水总量控制制度

确立水资源开发利用控制红线，抓紧制定主要江河水量分配方案，建立取用水总量控制指标体系。加强相关规划和项目建设布局水资源论证工作，国民经济和社会发展规划以及城市总体规划的编制、重大建设项目的布局，要与当地水资源条件和防洪要求相适应。严格执行建设项目水资源论证制度，对擅自开工建设或投产的一律责令停止。严格取水许可审批管理，对取用水总量已达到或超过控制指标的地区，暂停审批建设项目新增取水；对取用水总量接近控制指标的地区，限制审批新增取水。严格地下水管理和保护，尽快核定并公布禁采和限采范围，逐步削减地下水超采量，实现采补平衡。强化水资源统一调度，协调好生活、生产、生态环境用水，完善水资源调度方案、应急调度预案和调度计划。建立和完善国家水权制度，充分运用市场机制优化配置水资源。

（二）建立用水效率控制制度

确立用水效率控制红线，坚决遏制用水浪费，把节水工作贯穿于经济社会发展和群众生产生活全过程。加快制定区域、行业和用水产品的用水效率指标体系，加强用水定额和计划管理。对取用水达到一定规模的用水户实行重点监控。严格限制水资源不足地区建设高耗水型工业项目。落实建设项目节水设施与主体工程同时设计、同时施工、同时投产制度。加快实施节水技术改造，全面加强企业节水管理，建设节水示范工程，普及农业高效节水技术。抓紧制定节水强制性标准，尽快淘汰不符合节水标准的用水工艺、设备和产品。

（三）建立水功能区限制纳污制度

确立水功能区限制纳污红线，从严核定水域纳污容量，严格控制入河湖排污总量。各级政府要把限制排污总量作为水污染防治和污染减排工作的重要依据，明确责任，落实措施。对排污量已超出水功能区限制排污总量的地区，限制审批新增取水和入河排污口。建立水功能区水质达标评价体系，完善监测预警监督管理制度。加强水源地保护，依法划定饮用水水源保护区，强化饮用水水源应急管理。建立水生态补偿机制。

（四）建立水资源管理责任和考核制度

县级以上地方政府主要负责人对本行政区域水资源管理和保护工作负总责。严格实施水资源管理考核制度，水行政主管部门会同有关部门，对各地区水资源开发利用、节约保护主要指标的落实情况进行考核，考核结果交由干部主管部门，作为地方政府相关领导干部综合考核评价的重要依据。加强水量水质监测能力建设，为强化监督考核提供技术支撑。

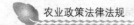

第三节 国家对土地征用制度、占用耕地和 保护耕地质量方面的法律规定

一、土地征用

（一）土地征用的概念与征用土地原则

1. 土地征用的概念

土地征用是指国家为了公共利益，以补偿为条件，依照法律规定强制地将集体土地收归国有的行为。土地征用是一种国家行政行为。在土地征用关系中，征用方必定是国家。只有国家才具有这种权力，除了国家以外，任何单位和个人都不得以任何理由征用土地。国家征用土地是通过国家的行政强制力实现的，被征地单位应当服从国家的需要，不得阻挠。土地征用的标的物，限于集体所有的土地。国家只有为了公共利益，需要收用集体所有的土地时，才采取征用的办法。国家为了建设，需要使用国有土地时，就谈不上征用，因为国家是国有土地的所有者，无需自己征用自己的土地。

土地征用的结果是土地所有权的变更。国家通过对集体所有土地的征用，使集体土地变为国家所有，被征土地的集体土地所有权消灭。《中华人民共和国土地管理法》（以下简称《土地管理法》）第 24 条规定："国家建设征用的集体所有的土地，所有权属于国家，用地单位只有使用权"。

征用土地必须出于公共利益的需要。国家进行各项建设，有可能需要使用集体所有的土地，因此，对集体所有的土地实行强制征用是必要的。但是，国家征用土地并不是任意的，必须是为了社会公共利益的需要，为了保证国家建设的顺利进行。《中华人民共和国宪法》（以下简称《宪法》）第 10 条规定"国家为了公共利益的需要，可以依照法律规定对土地实行征收或者征用并给予补偿"。《土地管理法》第2条也规定："为了公共利益的需要，可以依法对集体所有的土地实行征用"。

2. 土地征用的原则

（1）节约用地，合理用地的原则。国家建设征用土地，要注意节约用地。各级人民政府和土地管理部门应当严格掌握用地控制指标，应当根据建设项目的性质和规模，确定征用土地的面积，不得多征、早征。国家建设征用土地，应当依据土地利用总体规划和城市规划，合理确定建设用地的位置。凡是有荒地可以利用的，不得占用耕地；在确定占用耕地时，凡是有可能利用劣地的，不得占用好地。

（2）兼顾国家、集体和个人三者利益的原则。在征用土地时，要注意处理好各方面的关系。首先，被征用土地的集体组织要维护国家利益，服从国家建设需要，协助国家顺利实现土地征用，而不能乘机漫天要价，延误国家建设的正常进行。同时，国家也要给予被征用土地的集体组织而适当补偿，对因征用土地而受损失的个人给予妥善安置和补助。

（3）谁使用土地谁补偿的原则。土地征用的补偿，不是由国家支付，而是由用地单位支付。这是因为，国家并不直接使用所征用的土地，也不是使用该被征土地的建设项目的直接受益者；而用地单位则兼具这两个因素，由其支付征用土地补偿是合理的。用地单位的补偿是一项法定义务，承担此项义务是使用被征土地的必要条件。用地单位必须按法定的标准，向被征用土地的集体组织给予补偿。

（二）农村土地征用程序与征地批准权限

1. 农村土地征用程序

第1步，农用地转用、征用土地，必须符合土地利用总体规划、城市建设总体规划和土地利用年度计划。因此，用地单位在初步选定某农用地为建设用地后，应首先向国土资源局、建设部门、规划部门咨询是否符合该农用地的各项规划。规划必须符合原国家土地管理局发布的《土地利用总体规划编制审批规定》（《国家土地管理局令》第7号）的要求。如该建设项目列入国家国土资源局编写的《限制供地项目目录》，则地方人民政府批准提供建设用地前，须先取得国土资源部许可，再履行批准手续。如该建设项目列入国家国土资源局编写的《禁止供地项目目录》，则在禁止期限内，土地行政主管部门不受理其建设项目用地报件，各级人民政府也不批准提供建设用地。

第2步，确认该农用地可以用于建设，再根据建设部门的要求，进行和编制建设项目可行性论证，向建设部门提交用地申请，建设部门审查符合的，颁发建设项目的《选址意见书》。用地单位应按规定缴纳选址规费。其中，农用地转用和土地征收批准文件有效期两年。农用地转用或土地征收经依法批准后，市、县两年内未用地或未实施征地补偿安置方案的，有关批准文件自动失效。

第3步，用地单位持该《选址意见书》向同级国土资源局提出用地预审申请，由该国土资源局核发《建设项目用地预审报告书》。建设项目用地预审文件有效期为两年，自批准之日起计算。如建设项目涉密军事项目或是国务院批准的特殊建设项目用地的，建设用地单位可直接向国土资源部提出预审申请。

第4步，用地单位凭《建设项目用地预审报告书》向建设部门、环保局等办理立项、规划、环保许可等手续，并缴纳各项审批费用；环境保护部门根据《中华人民共和国环境保护法》和（86）国环字第003号《建设项目环境保护管理办法》对建设项目进行审批。某些建设项目，还需要报劳动行政部门依据《建设项目（工程）劳动安全卫生预评价管理办法》予以审批。

第5步，用地单位再持以上审批文件，向原预审的国土资源局提出项目用地的正式申请。

第 6 步，国土资源局根据土地利用总体规划、城市建设总体规划和土地利用年度计划，拟定农用地转用方案、补充耕地方案、征地方案和供地方案，分不同类型，经各级人民政府审批。能源、交通、水利、矿山、军事设施等确需单独选址建设的项目，在《国务院关于投资体制改革的决定》（国发〔2004〕24号）实施前批准立项的，仍按原规定报批用地；实施后，属国务院、国家发展改革等部门或省级人民政府批准、核准的单独选址建设项目，涉及农用地转用和土地征收的，报国务院批准；除此之外的单独选址建设项目，涉及农用地转用和土地征收的，报省级人民政府批准，其中征收土地面积超过省级批准权限的，土地征收必须报国务院批准；建设项目确需占用基本农田的，必须报国务院批准。其中，如占用农用地没有涉及占用耕地的，则不需拟定补充耕地方案；农村集体经济组织占用本集体农用地和单位占用国有农用地的，不需拟订征地方案。

以下建设占用土地涉及农用地转为建设用地的，需报国务院批准：国务院批准的建设项目；国务院有关部门和国家计划单列企业批准的道路、管线工程和大型基础设施建设项目；省、自治区、直辖市人民政府批准的道路、管线工程和大型基础设施建设项目；在土地利用总体规划确定的直辖市、计划单列市和省、自治区人民政府所在地的城市以及人口在 50 万以上的城市建设用地规模范围内，为实施该规划按土地利用年度计划分批次用地；需要征用基本农田的；需要征用基本农田以外的耕地超过 35hm^2 的；需要征用其他土地超过 70hm^2 的。

第 7 步，由国土资源局具体负责对该农用地的所有权人和使用权人进行征用，签订补偿安置协议，按征地程序办理征地手续。其中，征用土地的各项补偿，应在征地补偿安置方案批准之日起 3 个月内，由用地单位全额支付。用地单位未按期全额支付到位的，政府不发放建设用地批准书，农村集体经济组织和农民有权拒绝建设单位动工用地。如征用农村集体土地，征地补偿款也可由国土资源局委托用地单位直接向被征地农村集体经济组织支付。国家征用土地的，依照法定程序批准后，由县级以上地方人民政府予以公告并组织实施。

第8步，国土资源局根据批准的供地方案，在征地的补偿、安置补助完成后，向用地单位发出批准用地文件和《建设用地批准书》，被征地单位应在规定的期限内交出土地。其中，农村集体经济组织占用本集体的农用地或单位占用国有农用地的，经批准办理了农用地转用手续后，国土资源局可直接发出用地文件。城市分批次建设用地和单独选址建设项目用地经依法批准后，国土资源部门应通过新闻媒体或其他形式向社会公开批准情况。建设单位应将农用地转用、土地征收批准文件及建设用地批准书等在施工场地悬挂，接受社会的监督。

第9步，被征用单位交出土地后，该土地即成为国有土地，由国土资源局与土地使用者签订国有土地有偿使用合同（出让供地）或向土地使用者核发划拨决定书（划拨供地）。用地单位按约定缴纳出让费用。但商业、旅游、娱乐和商品住宅等各类经营性用地，则必须以招标、拍卖或者挂牌方式出让。用地单位只有中标，才可获得该国有土地的使用权。

国有土地出让成交签订《国有土地使用权出让合同》时，必须将规划设计条件与附图作为《国有土地使用权出让合同》的重要内容和组成部分。没有城市规划行政主管部门出具的规划设计条件，国有土地使用权不得出让。如因特殊原因，确需改变规划设计条件的，应当向城乡规划行政主管部门提出改变规划设计条件的申请，经批准后方可实施。

第10步，签订出让合同并按约定缴纳费用后，用地单位才真正获得该土地的使用权，用地单位即可办理建设项目的相关审批手续予以施工建设。其中，已经办理审批手续的非农业建设占用耕地，1年内不用而又可以耕种并收获的，由原耕种该幅耕地的集体或者个人恢复耕种，用地单位也可以自行组织耕种；1年以上未动工建设的，按照省级规定缴纳闲置费；如超过连续2年未使用的，经原批准机关批准，县级以上政府会下达《收回国有土地使用权决定书》，终止土地有偿使用合同或者撤销建设用地批准书，注销土地登记和土地证书，即无偿收回土地使用权，并交由原农村集体经济组织恢复耕种。

其中，国有土地使用权出让的受让方在签订《国有土地使用权出让合同》后，应当持《国有土地使用权出让合同》向市、县人民政府城乡规划行政主管部门申请发给建设项目选址意见书和建设用地规划许可证。城乡规划行政主管部门对《国有土地使用权出让合同》中规定的规划设计条件核验无误后，同时发给建设项目选址意见书和建设用地规划许可证。

第11步，如用地单位欲转让该土地使用权，必须符合国家关于已出让土地转让的规定和《国有土地使用权出让合同》的约定。转让国有土地使用权时，不得改变规定的规划设计条件。以转让方式取得建设用地后，转让的受让人应当持《国有土地使用权转让合同》、转让地块原建设用地规划许可证向城乡规划行政主管部门申请换发建设用地规划许可证。

2. 征地批准权限

对征用集体土地，《土地管理法》规定了严格的批准权限。这对规范土地征用，切实保护耕地，合理用地，具有重要的意义。根据《土地管理法》第25条及其《实施条例》第21条的规定，征地批准权限如下。

（1）国家建设征用耕地1 000亩（1亩≈667平方米，全书同）以上、其他土地2 000亩以上的 由国务院批准。"其他土地2 000亩以上"是包括一个建设项目同时征用耕地1 000亩以下和其他土地 1 000 亩以上合计为 2 000 亩以上。

（2）征用耕地 3 亩以下，其他土地 10 亩以下的由县级人民政府批准。"其他土地 10 亩以下"包括一个建设项目同时征用耕地 3 亩以下和其他土地 10 亩以下，合计为 3 亩以上 10 亩以下。"

（3）省辖市、自治州人民政府的批准权限由省、自治区人民代表大会常务委员会决定。

（4）征用直辖市行政区域的土地由直辖市人民政府批准，直辖市的区人民政府和县人民政府的批准权限，由直辖市人民代表大会常务委员会决定。

（三）土地征用补偿费标准

中共中央国务院《关于推进社会主义新农村建设的若干意见》规定：加快征地制度改革步伐，按照缩小征地范围、完善补偿办法、拓展安置途径、规范征地程序的要求，进一步探索改革经验。完善对被征地农民的合理补偿机制，加强对被征地农民的就业培训，拓宽就业安置渠道，健全对被征地农民的社会保障。

《土地管理法》第 47 条规定征收土地的，按照被征收土地的原用途给予补偿。征用耕地的补偿费用包括土地补偿费、安置补助费以及地上附着物和青苗的补偿费。47 条第 6 款规定：依照本条第 2 款的规定支付土地补偿费和安置补助费，尚不能使需要安置的农民保持原有生活水平的，经省、自治区、直辖市人民政府批准，可以增加安置补助费。但是，土地补偿费和安置补助费的总和不得超过土地被征用前三年、平均年产值的 30 倍。《土地管理法》遵循征地补偿原则，补偿标准应当是能够保证被征用土地的农民不因土地征用而降低生活水平。农村集体土地转为城镇建设用地的过程，应当是农民分享城市化成果的过程，应当有利于缩小城乡差距而不是扩大城乡差距。

征用耕地的土地补偿费，为该耕地被征用前三年平均年产值的 6～10 倍。征用耕地的安置补助费，按照需要安置的农业人口数计算。需要安置的农业人口数，按照被征用的耕地数量除以征地前被征用单位平均每人占有耕地的数量计算。每一个需要安置的农业人口的安置补助费标准，为该耕地被征用前三年平均年产值的 4 ~ 6 倍。但是，每公顷被征用耕地的安置补助费，最高不得超过被征用前三年平均年产值的十五倍。土地补偿费和安置补助费的总和不得超过土地被征用前三年平均年产值的 30 倍。

征用其他土地的土地补偿费和安置补助费标准，由省、自治区、直辖市参照征用耕地的土地补偿费和安置补助费的标准规定。被征用土地上的附着物和青苗的补偿标准，由省、自治区、直辖市规定。征用城市郊区的菜地，用地单位应当按照国家有关规定缴纳新菜地开发建设基金。大中型水利、水电工程建设征用土地的补偿费标准和移民安置办法，由国务院另行规定。

征用耕地的土地补偿费，为该耕地被征用前三年平均年产值的 6 ~ 10 倍。这里的"该耕地"，是指实际征用的耕地数量。而"每一个需要安置的农业人口的安置补助费标准，为该耕地被征用前三年平均年产值的 4 ~ 6 倍"中的"该耕地"，则是指在被征用土地所在地，被征地单位平均每人占有的耕地数量。

中华人民共和国《土地管理法实施条例》第 25 条规定"对补偿标准有争议的，由县级以上地方人民政府协调；协调不成的，由批准征用土地的人民政府裁决。征地补偿、安置争议不影响征用土地方案的实施"。

（四）失地农民的安置途径

从全国来看，目前对失地农民的安置措施主要有货币安置、社保安置、留地安置、就业安置、土地入股等。

1. 货币安置

货币安置是目前征地中最主要的安置方式，操作简单，适宜年轻人和外出打工农民，适宜沿海经济发达地区，能解决农民一时困难。但不适宜 45 岁以上和劳动技能低的农民，不适宜中西部经济不发达地区，不能解决失地农民长远生计。

2. 社保安置

国务院 2006 年 4 月 10 日出台了《关于建立被征地农民培训就业和社会保障制度的意见》，被认为是农民社会保障改革迈出了第一步。将补偿费用于缴纳保险对社会稳定可发挥积极作用，但要求地方有较高经济实力，失地农民能够达到的社保水平取决于地方财政实力，各地差别较大，保障水平不确定。

3. 留地安置

留地安置是指被征用土地的农村，可以获得一定比例的留地，由村集体经营，村集体通常每年拿出一部分留地收益给农民分配。此法可弥补法定安置费不足问题，且收益比土地补偿费、安置补助费等几项补偿费在内的货币补偿额高出几倍、甚至 10 倍，受到农民欢迎。但安置留地的位置选择与规划协调难度大，有些被征地村虽然拿到留地安置指标，却往往因项目性质与规划不协调无法进行下去。

4. 就业安置

就业安置能解决农民暂时就业问题，但由于农民素质低，适应性较差的被征地农民很容易下岗，面临重新失业。

5. 土地入股

土地入股是指农村集体建设用地的使用者以自身拥有的土地作价，并转换为股份，注入开发商的项目公司当中，开发商一方面给予货币补偿，同时在每年年底向入股农民分红。入股模式补偿不仅解决了农民眼前的利益，又保障了其长期的利益，体现了土地对农民的保障功能。

二、加强土地管理、制止乱占耕地

土地是十分宝贵的资源和资产。我国耕地人均数量少，总体质量水平低，后备资源也不富裕。保护耕地就是保护我们的生

命线。

（一）加强土地的宏观管理

根据中共中央国务院《关于进一步加强土地管理切实保护耕地的通知》，各省、自治区、直辖市必须严格按照耕地总量动态平衡的要求，做到本地耕地总量只能增加，不能减少，并努力提高耕地质量。各级人民政府要按照提高土地利用率，占用耕地与开发、复垦挂钩的原则，以保护耕地为重点，严格控制占用耕地，统筹安排各业用地的要求，认真做好土地利用总体规划的编制、修订和实施工作。不符合上述原则和要求的土地利用总体规划，都要重新修订。土地利用总体规划的编制和修订要经过科学论证，严密测算，切实可行；土地利用总体规划一经批准，就具有法定效力，并纳入国民经济和社会发展五年计划和年度计划，严格执行。在修订的土地利用总体规划批准前，原则上不得批准新占耕地。

实行占用耕地与开发、复垦挂钩政策。要严格控制各类建设占地，特别要控制占用耕地、林地，少占好地，充分利用现有建设用地和废弃地等。

农业内部结构调整也要充分开发利用非耕地。除改善生态环境需要外，不得占用耕地发展林果业和挖塘养鱼。非农业建设确需占用耕地的，必须开发、复垦不少于所占面积且符合质量标准的耕地。开发耕地所需资金作为建设用地成本列入建设项目总投资，耕地复垦所需资金列入生产成本或建设项目总投资。占用耕地进行非农业建设，逐步实行由建设单位按照当地政府的要求，将所占耕地地表的耕作层用于重新造地。在国家统一规划指导下，按照谁开发耕地谁受益的原则，以保护和改善生态环境为前提，鼓励耕地后备资源不足的地区与耕地后备资源较丰富的地区进行开垦荒地、农业综合开发等方面的合作。各地要大力总结和推广节约用地以及挖掘土地潜力的经验。

加强土地利用计划的管理。各级人民政府要根据国民经济与社会发展规划、国家产业政策和土地利用总体规划的要求，按照国民经济和社会发展计划的编报程序，制定包括耕地保护、各类建设用地征用、土地使用权出让、耕地开发复垦等项指标在内的年度土地利用计划，加强土地利用的总量控制。各项建设用地必须符合土地利用总体规划和城市总体规划，并纳入年度土地利用计划。年度土地利用计划实行指令性计划管理，一经下达，必须严格执行，不得突破。

严格贯彻执行《基本农田保护条例》。各地人民政府要以土地利用现状调查的实有耕地面积为基数，按照《基本农田保护条例》规定划定基本农田保护区，建立严格的基本农田保护制度，并落实到地块，明确责任，严格管理。要建立基本农田保护区耕地地力保养和环境保护制度，有效地保护好基本农田。

积极推进土地整理，搞好土地建设。各地要大力总结和推广土地整理的经验，按照土地利用总体规划的要求，通过对田、水、路、林、村进行综合整治，搞好土地建设，提高耕地质量，增加有效耕地面积，改善农业生产条件和环境。

（二）加强农村集体土地的管理

结合划定基本农田保护区，制定好村镇建设规划。村镇建设要集中紧凑、合理布局，尽可能利用荒坡地、废弃地，不占好地。在有条件的地方，要通过村镇改造将适宜耕种的土地调整出来复垦、还耕。

农村居民的住宅建设要符合村镇建设规划。有条件的地方，提倡相对集中建设公寓式楼房。农村居民建住宅要严格按照所在的省、自治区、直辖市规定的标准，依法取得宅基地。农村居民每户只能有一处不超过标准的宅基地，多出的宅基地，要依法收归集体所有。

严禁耕地撂荒。对于不再从事农业生产、不履行土地承包合同而弃耕的土地，要按规定收回承包权。鼓励采取多种形式进行集约化经营。

积极推行殡葬改革，移风易俗，提倡火葬。土葬不得占用耕地。山区农村可集中划定公共墓地。平原地区的农村，提倡建骨灰堂，集中存放骨灰。要在做好深入细致的思想工作、取得当事人支持与配合的前提下，对占用耕地、林地形成的坟地，采取迁移、深葬等办法妥善处理，以不影响耕种或复垦还耕、还林。

发展乡镇企业要尽量不占或少占耕地、节约使用土地。乡镇企业用地，要按照经批准的村镇建设规划的要求，合理布局，适当集中，依法办理用地审批手续。大力推广新型墙体材料，限制黏土砖生产，严禁占用耕地建砖瓦窑。已经占用耕地建砖瓦窑的，要限期调整、复耕。

除国家征用外，集体土地使用权不得出让，不得用于经营性房地产开发，也不得转让、出租用于非农业建设。用于非农业建设的集体土地，因与本集体外的单位和个人以土地入股等形式兴办企业，或向本集体以外的单位和个人转让、出租、抵押附着物，而发生土地使用权交易的，应依法严格审批，要注意保护农民利益。

集体所有的各种荒地，不得以拍卖、租赁使用权等方式进行非农业建设。

（三）保护基本农田

1. 基本农田的概念

根据《河南省基本农田保护条例》，基本农田是指根据一定时期人口和国民经济发展对农产品的需求以及对建设用地的预测而必须确定的长期不得占用的和基本农田保护区规划期内不得占用的耕地。本条例所称基本农田保护区，是指为对基本农田实行特殊保护而依照法定程序划定的区域。

县级以上人民政府土地管理部门主管本行政区域内基本农田

保护工作。县级以上人民政府农业行政主管部门负责本行政区域内基本农田建设、质量监督管理和农田生态环境保护工作。县级以上人民政府其他有关部门按照各自的职责，协同土地管理部门和农业行政主管部门实施基本农田保护工作。乡级人民政府负责本行政区域内的基本农田保护管理工作。

任何单位和个人都有保护基本农田的义务，有权对侵占、破坏基本农田以及其他违反本条例的行为进行监督、检举、控告。农村集体经济组织或村民委员会和土地承包者有权对违反本条例，乱占滥用基本农田的行为进行抵制。

2. 下列耕地应划入基本农田保护区

经县以上人民政府批准确定的粮、棉、油生产基地；高产稳产田；蔬菜生产基地；农业教学、科研、农业技术推广试验示范用地和农作物良种繁育基地；享有盛名或具有开发前途的名、特、优、新农产品生产用地；经过治理、改造和正在实施改造计划的中低产田。

划入基本农田保护区的耕地分为下列两级：生产条件好、产量高、长期不得占用的耕地，划为一级基本农田；生产条件较好、产量较高，或者基本农田保护区规划期内不得占用的耕地，划为二级基本农田。划定基本农田保护区不得擅自改变原承包者的承包经营权。

3. 保护和管理

县级以上人民政府应与下一级人民政府签订基本农田保护责任书，乡级人民政府应与农村集体经济组织或村民委员会签订基本农田保护责任书；农村集体经济组织或村民委员会依法负责其所有的基本农田保护工作，基本农田保护区内耕地承包者是该农田的保护人。县级以上人民政府应建立基本农田保护监督检查制度，定期组织有关部门对基本农田保护情况进行检查，并将检查情况书面报告上一级人民政府。国家和省对农业的投资应优先用于基本农田保护区内农业的发展。

各级人民政府应采取措施鼓励农业生产者对其经营的基本农田兴修水利，保持水土，防止耕地沙化、盐渍化；增施有机肥料，秸秆还田，禁止焚烧；合理使用化肥、农药等农用化学物质，改良土壤，提高地力。县级人民政府农业行政主管部门应会同土地管理部门按照有关规定对基本农田分等定级、建立档案。县级以上人民政府农业行政主管部门和农业科研部门应建立基本农田地力与施肥效益长期定位监测网点。定期向本级人民政府提出基本农田地力状况变化报告以及相应的地力保护措施。并对基本农田的土壤营养分析，肥力测定，配方施肥等项工作提供指导和服务。农村集体经济组织或村民委员会在同承包者签订基本农田保护区内耕地承包合同时，应将耕地的地力等级和培肥地力的措施以及奖罚标准一并写入承包合同。

县级以上人民政府农业行政主管部门应会同同级环境保护行政主管部门对基本农田保护区内耕地环境污染进行监测与评价，并定期向同级人民政府和上级业务主管部门提出环境质量与发展趋势的报告。向基本农田提供肥料和作为肥料的城市垃圾、污泥以及排放污水，应符合国家有关标准。因排放废水、废气、废渣对基本农田造成污染的，有关单位必须采取措施限期治理，造成损失的，按有关法律、法规的规定给予补偿。对因发生事故或者其他突发性事件，造成或者可能造成基本农田环境污染事故的，当事人必须立即采取措施处理，并向当地环境保护行政主管部门和农业行政主管部门报告，接受调查处理。

4. **基本农田保护区内禁止下列行为**

非法将耕地变为非耕地；建窑、非农业生产性建房、建坟或者擅自挖沙、采石、采矿、取土；毁坏水利设施；擅自砍伐农田防护林和水土保持林；排放具有污染性的废水、废气、废渣以及堆放固体废弃物；侵占或者损害基本农田保护区的设施；破坏或者擅自改变基本农田保护区的保护标志；其他破坏基本农田的行为。

禁止任何单位和个人闲置、荒芜基本农田。经批准征用的基本农田，在正式征用后半年以上、一年以内未动工兴建，建设单位自己未组织耕种，又未让原耕种该地的集体或个人继续耕种的，视为荒芜基本农田。荒芜基本农田应缴纳荒芜费。经批准征用的基本农田，在正式征用一年以上、两年以下未动工兴建的视为闲置基本农田。闲置基本农田应缴纳闲置费。缴纳闲置费的不再缴纳荒芜费。闲置费用于基本农田建设和发展农产品生产。闲置费的缴纳和管理使用按省人民政府规定执行。基本农田经批准征用后，未经原批准机关同意，连续两年未使用或不按批准用途使用的，由县级以上土地管理部门报同级人民政府批准，收回用地单位的土地使用权，注销土地使用证。收回的土地应当还耕。承包经营基本农田的个人弃耕抛荒的，由农村集体经济组织收回承包经营权。

5. 占用耕地补偿制度

是指非农业建设经批准占用耕地，占用多少，就必须开垦多少与所占用的耕地数量和质量相当的耕地，没有条件开垦或者开垦的耕地不符合要求的，应依法缴纳耕地开垦费，专款用于开垦新的耕地。占用耕地补偿制度是实现耕地占补平衡的一项重要法律措施。耕地占补平衡是占用耕地单位和个人的法定义务。占用耕地补偿制度是国家实行的一项保护耕地法律制度。

非农业建设经批准占用基本农田保护区内耕地的，除依照国家有关法律、法规的规定缴纳税费外，应由用地单位或个人负责开垦新的耕地，没有条件开垦或开垦的耕地不符合要求的，应缴纳占用基本农田保护区耕地造地费。缴纳标准：占用一级基本农田的，按土地补偿费的 2 倍缴纳；占用二级基本农田的，按土地补偿费的 1 倍缴纳。占用蔬菜生产基地内的耕地，已按照国家有关规定缴纳新菜地开发建设基金的不再缴纳占用基本农田保护区耕地造地费。国家或省批准的重点建设项目，免缴占用基本农田保护区耕地造地费办法，按省人民政府规定执行。

6. 违法占用耕地的法律责任

违反土地管理法规定，占用耕地建窑、建坟或者擅自在耕地上建房、挖砂、采石、采矿、取土等，破坏种植条件的，或者因开发土地造成土地荒漠化、盐渍化的，由县级以上人民政府土地行政主管部门责令限期改正或者治理，可以并处罚款；构成犯罪的，依法追究刑事责任。

依照刑法第342条的规定，以非法占用耕地罪，处5年以下有期徒刑或者拘役，并处或者单处罚金：非法占用耕地"数量较大"，是指非法占用基本农田5亩以上或者非法占用基本农田以外的耕地10亩以上；非法占用耕地"造成耕地大量毁坏"是指行为人非法占用耕地建窑、建坟、建房、挖沙、采石、采矿、取土、堆放固体废弃物或者进行其他非农业建设，造成基本农田5亩以上或者基本农田以外的耕地10亩以上种植条件严重毁坏或者严重污染。

非法转让、倒卖土地使用权罪，应处3年以上7年以下有期徒刑，并处非法转让、倒卖土地使用权价额5%以上20%以下罚金。

三、强化耕地保护，提高耕地质量

（一）耕地质量的概念

耕地质量，是指能够满足农作物生长和安全生产所需的土壤地力和土壤环境质量。目前耕地质量问题正在成为我国粮食安全和农产品质量安全的隐患。目前有四大因素直接造成耕地质量下降，带来的损失不亚于耕地的乱占滥用，加剧了耕地资源的供需矛盾。一是酸雨侵害的面积大、频率高、pH值偏高，直接影响到土壤酸碱度和农作物根系对土壤有效成分的吸收。二是农药、化肥、添加剂、农用薄膜的滥用，耕地中有机废弃物含量高，污染了农田环境，恶化了土壤结构，不仅影响农作物产量，而且影响农产品的质量达标和市场准入。三是地表水污染严重，经农作物有害物质的吸附效应和生物链的传递累积，最终影响到人类的健康。四是工矿企业、乡镇企业、建设工程项目的排污、倾渣占压土地、破坏灌溉和生态植被，造成土质恶化，地力退化，有的甚至使农业生产无法进行。上述因素造成农田环境污染，不断积累和加重，并构成了从水体—土壤—生物—大气的全方位污染，对包括粮食等关乎国计民生在内的各种农产品产量和质量带来负面影响。

（二）提高耕地质量的主要措施

1. 强化耕地质量建设

积极组织实施"沃土工程"，全面提升耕地特别是基本农田地力等级。建立长期稳定的土壤监测体系，有计划地开展土壤污染治理和修复试点工作。定期开展耕地质量普查，建立和完善耕地质量动态监测与预警体系，及时发布耕地质量监测报告。

2. 鼓励耕地使用者采取下列措施培肥地力

①养畜积肥、城肥利用、种植绿肥；②粮草间作、作物轮作、秸秆还田、根茬还田；③采用测土配方施肥及免耕播种施肥技术；④施用河泥、塘泥等有机肥源；⑤有利于培肥地力的其他措施。

3. 农村集体经济组织或者村民委员会与集体经济组织成员签订农业承包合同，应当明确承包耕地的地力等级、耕地保养义务和未履行义务所应承担的责任

承包经营权终止或者变更时，农村集体经济组织或者村民委员会应当聘请有关专家对承包耕地的质量现状进行评定。耕地质量下降超过一个等级标准的，承包方应当承担合同约定的责任。

改变耕地用途，造成永久性损害、无法继续从事农业种植的，发包方有权要求承包方赔偿由此造成的损失。农村集体经济组织、村民委员会和耕地使用者应当保护农田防护林和防洪、灌溉、排水及防止水土流失等设施。

耕地使用者应当采用农业防治、生物防治和化学防治相结合的方式，使用高效、低毒、低残留农药和生物农药，减少化学农药在耕地中的残留，并合理施用肥料，防止土壤板结，确保耕地有机质含量。

提倡耕地使用者使用可降解塑料地膜。使用非降解塑料地膜的，应当在使用完毕后 30 日内予以清除。逾期不清除的，由农村集体经济组织或者村民委员会组织清除，清除费用由使用者承担。

4. 禁止耕地使用者实施下列行为

①使用不符合国家规定标准的工业废水和城市污水灌溉的；②施用未经无害化处理或者虽经处理仍不符合国家规定标准的城市垃圾、废弃物、污泥的；③施用未经登记的化肥、农药或者超过规定范围使用农药的；④施用未经腐熟的人、禽、畜粪肥的；⑤采用只种不养、过度施用化肥等方式进行掠夺式生产的。

四、近几年国家在保护耕地质量方面的主要规定

2005 年中共中央一号文件提出：坚决实行最严格的耕地保护制度，切实提高耕地质量，严格保护耕地；认真落实农村土地承包政策；努力培肥地力。

2006 年中共中央一号文件提出：要大力加强耕地质量建设，实施新一轮沃土工程，科学施用化肥，引导增施有机肥，全面提升地力。增加测土配方施肥补贴，继续实施保护性耕作示范工程和土壤有机质提升补贴试点。

2007 年中共中央一号文件提出：切实提高耕地质量。强化和落实耕地保护责任制，切实控制农用地转为建设用地的规模。

切实防止破坏耕作层的农业生产行为。加大土地复垦、整理力度。加快建设旱涝保收、高产稳产的高标准农田。加快实施沃土工程，积极支持高标准农田建设。

2008 年中共中央一号文件提出：加强耕地保护和土壤改良。全面落实耕地保护责任制，切实控制建设占用耕地和林地。土地出让收入用于农村的投入，要重点支持基本农田整理、灾毁复垦和耕地质量建设。继续增加投入，加大力度改造中低产田。加快沃土工程实施步伐，扩大测土配方施肥规模。

2009 年中共中央一号文件提出：实行最严格的耕地保护制度和最严格的节约用地制度。基本农田必须落实到地块、标注在土地承包经营权登记证书上，并设立统一的永久基本农田保护标志，严禁地方擅自调整规划改变基本农田区位。严格地方政府耕地保护责任目标考核，实行耕地和基本农田保护领导干部离任审计制度。尽快出台基本农田保护补偿具体办法。从严控制城乡建设用地总规模，从规划、标准、市场配置、评价考核等方面全面建立和落实节约用地制度。抓紧编制乡镇土地利用规划和乡村建设规划，科学合理安排村庄建设用地和宅基地，根据区域资源条件修订宅基地使用标准。农村宅基地和村庄整理所节约的土地，首先要复垦为耕地，用作折抵建设占用耕地补偿指标必须依法进行，必须符合土地利用总体规划，纳入土地计划管理。农村土地管理制度改革要在完善相关法律法规、出台具体配套政策后，规范有序地推进。

2010 年中共中央一号文件提出：有序推进农村土地管理制度改革。坚决守住耕地保护红线，建立保护补偿机制，加快划定基本农田，实行永久保护。落实政府耕地保护目标责任制，上级审计、监察、组织等部门参与考核。加快农村集体土地所有权、宅基地使用权、集体建设用地使用权等确权登记颁证工作，工作经费纳入财政预算。力争用 3 年时间把农村集体土地所有权证确认到每个具有所有权的农民集体经济组织。有序开展农村土地整治，城乡建设用地增减挂钩要严格限定在试点范围内，周转指标纳入年度土地利用计划统一管理，农村宅基地和村庄整理后节约的土地仍属农民集体所有，确保城乡建设用地总规模不突破，确保复垦耕地质量，确保维护农民利益。按照严格审批、局部试点、封闭运行、风险可控的原则，规范农村土地管理制度改革试点。加快修改土地管理法。

第四节　完善退耕还林政策主要内容

一、退耕还林的概念、政策和原则

（一）概念

是在水土流失严重或粮食产量低而不稳定的坡耕地和沙化耕地，以及生态地位重要的耕地，退出粮食生产，植树或种草。国家实行退耕还林资金和粮食补贴制度，国家按照核定的退耕地还林面积，在一定期限内无偿向退耕还林者提供适当的补助粮食、种苗造林费和现金（生活费）补助。

退耕还林就是从保护和改善生态环境出发，将易造成水土流失的坡耕地有计划，有步骤地停止耕种，按照适地适树的原则，因地制宜的植树造林，恢复森林植被。退耕还林工程建设包括两个方面的内容：一是坡耕地退耕还林；二是宜林荒山荒地造林。国家实行退耕还林资金和粮食补贴制度，国家按照核定的退耕地还林面积，在一定期限内无偿向退耕还林者提供适当的补助粮食、种苗造林费和现金（生活费）补助。

（二）基本政策措施

1. 退耕还林

退耕还林地是指水土流失严重和产量低而不稳的坡耕地和沙化耕地。其标准是：山区、丘陵区；水土流失严重，粮食产量低而不稳、坡度在6度以上、农民已经承包或延包的坡耕地；平原区；风沙危害严重、粮食产量低而不稳、农民已经承包的沙化耕地。只要具备条件、农民自愿，应扩大退耕还林规模，能退多少退多少。尚未承包到户及休耕的坡耕地、沙荒地，不纳入退耕还林的范围，可作为宜林荒山荒地造林。

2. 封山绿化

封山绿化就是对工程区内的现有林草植被采取封禁措施严加保护，对宜林荒山荒地尽快恢复林草植被，并实行严格管护，确保绿化成果。

3. 以粮代赈

以粮代赈就是对退耕还林的农户，国家按一定标准无偿提供粮食，实行以粮食换生态，保证农民退耕之后吃饭有保障，收入不减少，以调动农民退耕还林还草的积极性。

4. 个体承包

就是将造林种草和植被保护的任务，采取承包的方式，落实到户、到人，按照："谁退耕、谁造林、谁经营，谁受益"的政策，具体以责任制的形式，明确造林种草者权益，落实管护措施，责权利挂钩，使群众在获得利益的同时，为生态环境建设作贡献。

(三) 基本原则

统筹规划、分步实施、突出重点、注重实效；政策引导和农民自愿退耕相结合，谁退耕、谁造林、谁经营，谁受益；遵循自然规律，因地制宜，宜林则林，宜草则草，综合治理；建设与保护并重，防止边治理边破坏；逐步改善退耕还林者的生活条件。

二、退耕还林的优惠政策

(一) 补助政策

1. 退耕地还林补助标准

粮食：黄河和海河流域每亩退耕地每年100kg，长江和淮河流域每亩退耕地每年150kg。补助粮食一般为小麦原粮，不同地区确需调整粮食供应品种的由省政府确定，补助粮食必须达到国家规定的质量标准。补助年限：还草补助2年，经济林补助5年，生态林补助按8年计算。

现金：每亩退耕地每年补助现金20元。补助年限和粮食补助相同。种苗和造林费：每亩一次性补助50元。宜林荒山荒地、荒滩、荒沙造林补助标准，只补助种苗和造林费，每亩一次性补助50元。退耕还林粮款补助对象为实施退耕还林的个体农户，尚未承包到户及休耕的坡耕地、沙荒地、荒滩地造林，只给予每亩50元的种苗补助。

根据国务院《关于完善退耕还林政策的通知》（国发〔2007〕25号）文件，现行退耕还林粮食和生活费补助期满后，中央财政安排资金，继续对退耕农户给予适当的现金补助，解决退耕农户当前生活困难。补助标准为：长江流域及南方地区每亩退耕地每年补助现金105元；黄河流域及北方地区每亩退耕地每年补助现金70元。原每亩退耕地每年20元生活补助费，继续直接补助给退耕农户，并与管护任务挂钩。补助期为：还生态林补助8年，还经济林补助5年，还草补助2年。根据验收结果，兑现补助资金。各地可结合本地实际，在国家规定的补助标准基础上，再适当提高补助标准。凡2006年底前退耕还林粮食和生活费补助政策已经期满的，要从2007年起发放补助；2007年以后到期的，从次年起发放补助。

2. 建立巩固退耕还林成果专项资金

为集中力量解决影响退耕农户长远生计的突出问题，中央财政安排一定规模资金，作为巩固退耕还林成果专项资金，主要用于西部地区、京津风沙源治理区和享受西部地区政策的中部地区退耕农户的基本口粮田建设、农村能源建设、生态移民以及补植补造，并向特殊困难地区倾斜。中央财政按照退耕地还林面积核定各省（区、市）巩固退耕还林成果专项资金总量，并从2008年起按8年集中安排，逐年下达，包干到省。专项资金要实行专户管理，专款专用，并与原有国家各项扶持资金统筹使用。具体使用和管理办法由财政部会同发展改革委、西部开发办、农业部、林业局等部门制定，报国务院批准。

3. 免征农业税

对应税耕地，自退耕之年起，不再征收农业税。

4. 退耕还林要以营造生态林为主

营造的生态林比例以县为核算单位，不得低于80%，经济林比例不得超过20%。坡度在25度以上的坡耕地（含梯田）、水土流失严重或泛风沙严重及一切生态地位重要地区必须营造生态林，要按照先陡坡后缓坡的原则进行退耕还林，还林后实行封山管护。在雨量较多，生物生长量高的缓坡地区，可大力发展速生丰产林、竹林和生态经济兼用林，适当发展经济林，对超过20%的经济林地，只补助种苗费。

（二）政策兑现

各地将国家下达的年度退耕还林任务逐级落实到户，并分户建卡、签订合同。由农户按规定的数量和进度进行造林和管理。造林后，由地方政府统一组织检查验收，填写《农户退耕还林手册》。农户凭《农户退耕还林手册》，到当地粮管所领取粮食，到财政所领取补助现金。退耕还林后，确需抚育间伐或采伐更新的，必须依法办理有关手续，不得自行砍伐。

根据《退耕还林条例》，退耕土地还林的第一年，该年度补助粮食可以分两次兑付，每次兑付的数量由省、自治区、直辖市人民政府确定。从退耕土地还林第二年起，在规定的补助期限内，县级人民政府应当组织有关部门和单位及时向持有验收合格证明的退耕还林者一次兑付该年度补助粮食。兑付的补助粮食，不得折算成现金或者代金券。供应补助粮食的企业不得回购退耕还林补助粮食。种苗造林补助费应当用于种苗采购，节余部分可以用于造林补助和封育管护。退耕还林者自行采购种苗的，县级人民政府或者其委托的乡级人民政府应当在退耕还林合同生效时一次付清种苗造林补助费。集中采购种苗的，退耕还林验收合格后，种苗采购单位应当与退耕还林者结算种苗造林补助费。

退耕土地还林后，在规定的补助期限内，县级人民政府应当组织有关部门及时向持有验收合格证明的退耕还林者一次付清该年度生活补助费。退耕还林资金实行专户存储、专款专用，任何单位和个人不得挤占、截留、挪用和克扣。任何单位和个人不得弄虚作假、虚报冒领补助资金和粮食。

退耕还林所需前期工作和科技支撑等费用，国家按照退耕还林基本建设投资的一定比例给予补助，由国务院发展计划部门根据工程情况在年度计划中安排。退耕还林地方所需检查验收、兑付等费用，由地方财政承担。中央有关部门所需核查等费用，由中央财政承担。实施退耕还林的乡（镇）、村应当建立退耕还林公示制度，将退耕还林者的退耕还林面积、造林树种、成活率以及资金和粮食补助发放等情况进行公示。

三、完善退耕还林的配套措施

（一）加大基本口粮田建设力度

建设基本口粮田是解决退耕农户长远生计、巩固退耕还林成果的关键。要加大力度，力争用5年时间，实现具备条件的西南地区退耕农户人均不低于0.5亩、西北地区人均不低于2亩高产稳产基本口粮田的目标。对基本口粮田建设，中央安排预算内基本建设投资和巩固退耕还林成果专项资金给予补助，西南地区每亩补助600元，西北地区每亩补助400元。退耕还林有关地区要加大投入力度，加强基本口粮田建设。

（二）加强农村能源建设

各地要从实际出发，因地制宜，以农村沼气建设为重点、多能互补，加强节柴灶、太阳灶建设，适当发展小水电。采取中央补助、地方配套和农民自筹相结合的方式，搞好退耕还林地区的农村能源建设。

（三）继续推进生态移民

对居住地基本不具备生存条件的特困人口，实行易地搬迁。对西部一些经济发展明显落后，少数民族人口较多，生态位置重要的贫困地区，巩固退耕还林成果专项资金要给予重点支持。

（四）继续扶持退耕还林地区

中央有关预算内基本建设投资和支农惠农财政资金要继续按原计划安排，统筹协调，保证相关资金能够整合使用。鼓励退耕农户和社会力量投资巩固退耕还林成果建设，允许退耕农户投资投劳兴建直接受益的生产生活设施。

（五）调整退耕还林规划

为确保"十一五"期间耕地不少于18亿亩，原定"十一五"期间退耕还林2 000万亩的规模，除2006年已安排400万亩外，其余暂不安排。国务院有关部门要进一步摸清25度以上坡耕地的实际情况，在深入调查研究、认真总结经验的基础上，实事求是地制订退耕还林工程建设规划。

（六）继续安排荒山造林计划

为加快国土绿化进程，推进生态建设，今后仍继续安排荒山造林、封山育林。继续按原渠道安排种苗造林补助资金，并视情况适当提高补助标准。在安排荒山造林任务的同时，地方政府要负责安排好补植补造、抚育管理、病虫害防治和工程管理等工作，并安排相应经费。在不破坏植被、造成新的水土流失的前提下，允许农民间种豆类等矮秆农作物，以耕促抚、以耕促管。

第四章 农民增收减负及农业支持政策法规

第一节 促进农民增收的政策规定

一、增加农民收入的意义

我国农业和农村经济社会发展已进入新的阶段，增加农民收入是当前和今后一个时期的首要任务。农民收入增长缓慢，会带来一系列的不良影响：一是制约农业生产持续发展。农业的基本功能是向社会提供食品，为了促使农业发挥好这一功能，首先就必须保障农业生产者的经济利益。只有农民的收入能够不断增加、生活不断改善，农业生产才能够持续地发展。二是影响扩大内需方针的落实。农民占我国人口的大多数，农民不富裕，整个国家就不可能富强。三是阻碍城乡经济的良性循环。我国经济增长很快，但城乡之间、区域之间、经济和社会之间等，都还存在着一些不够协调的问题。农民是我国最大的社会群体，农民的收入上不去，不仅影响农业、农村的发展，而且影响国内市场的扩大，最终必然会制约整个经济的增长速度。四是不利于农村社会稳定。在收入下降的时期，由于收入预期不好，收入差距拉大，往往容易导致一些地方干群关系紧张，社会治安状况恶化，集体上访等事件增多。实践证明，经济发展、农民增收是农村稳定的基础。因此，农民收入长期上不去，不仅影响农民生活水平提高，而且影响粮食生产和农产品供给；不仅制约农村经济发展，而且制约整个国民经济增长；不仅关系农村社会进步，而且关系全面建设小康社会目标的实现；不仅是重大的经济问题，而且是重大的政治问题。

二、拓宽农民增收渠道

2004年以来，中央实施了一系列支农惠农政策，对于持续推进我国农业增效、农民增收和粮食增产发挥了举足轻重的作用。我国国民经济和社会发展十二五规划纲要提出：加大引导和扶持力度，提高农民职业技能和创收能力，千方百计拓宽农民增收渠道，促进农民收入持续较快增长。

（一）巩固提高家庭经营收入

健全农产品价格保护制度，稳步提高重点粮食品种最低收购价，完善大宗农产品临时收储政策。鼓励农民优化种养结构，提高生产经营水平和经济效益。通过发展农业产业化和新型农村合作组织，使农民合理分享农产品加工、流通增值收益。因地制宜发展特色高效农业，利用农业景观资源发展观光、休闲、旅游等农村服务业，使农民在农业功能拓展中获得更多收益。

（二）努力增加工资性收入

加强农民技能培训和就业信息服务，开展劳务输出对接，引导农村富余劳动力平稳有序外出务工。促进城乡劳动者平等就业，努力实现农民工与城镇就业人员同工同酬，提高农民工工资水平。增加县域非农就业机会，促进农民就地就近转移就业，扶持农民以创业带动就业。结合新农村建设，扩大以工代赈规模，增加农民劳务收入。

（三）大力增加转移性收入

健全农业补贴制度，坚持对种粮农民实行直接补贴，继续实行良种补贴和农机具购置补贴，完善农资综合补贴动态调整机制。增加新型农村社会养老保险基础养老金，提高新型农村合作医疗补助标准和报销水平，提高农村最低生活保障水平。积极发展政策性农业保险，增加农业保险费补贴品种并扩大覆盖范围。加大扶贫投入，逐步提高扶贫标准。

第二节 减轻农民负担的政策规定

一、农民负担概述

（一）农民负担的概念

根据《农民承担费用和劳务管理条例》（以下简称《条例》）（1991年11月5日国务院第92次常务会议通过）所称农民承担的费用和劳务，是指农民除缴纳税金，完成国家农产品定购任务外，依照法律、法规所承担的村提留、乡统筹费、劳务（农村义务工和劳动积累工）以及其他费用。减轻农民负担是为了保护农民的合法权益，调动农民的生产积极性，促进农村经济持续稳定协调发展。《条例》关于减轻农民负担提出了"八个禁止"：一是禁止平摊农业特产税、屠宰税；二是禁止一切要农民出钱出物出工的达标升级活动；三是禁止一切没有法律、法规依据的行政事业性收费；四是禁止面向农民的集资；五是禁止各种摊派行为；六是禁止强行以资代劳；七是禁止在村里招待下乡干部，取消村组织招待费；八是禁止用非法手段向农民收款收物。

在《条例》出台后，减轻农民负担政策不断完善，包括涉农收费公示制、村级报刊订阅限额制、义务教育收费一费制、农民负担案件责任追究制等，为减轻农民负担各省成立了农民负担监督管理委员会，各市县也设立了相应的机构，但农民负担一直居高不下。

在2003年全国普遍税费改革试点，取消了包括农业税在内面向农民征收的各种费用，同时取消了农村义务工、劳动积累工。从此农民负担彻底减掉。不但如此，国家的惠农政策也不断加大，包括对种粮农民直补、综合补贴、良种补贴、农机直补、退耕还林补贴等系列政策都是减轻农民负担的一部分。

2009 年减轻农民负担监督管理政策又有了新的内容，除将面向农民的各种收费，村级一事一议筹资筹劳纳入监管外，也将惠农支农政策纳入监管范围。

（二）减轻农民负担原则

根据《国务院办公厅关于做好当前减轻农民负担工作的意见》（国办发〔2006〕48 号）。

1. 标本兼治

既要坚定不移地推进农村综合改革，加大治本工作力度，逐步消除农民负担反弹的隐患，又要加强对农民负担的监督管理，控制农民负担增加。

2. 尊重农民意愿

在改善农村基础设施和发展农村公益事业中，既要引导农民对直接受益的项目出资出劳，把国家投入与农民投工投劳有机结合，改善农民生产生活条件，又要防止超越农民承受能力，违背农民意愿，加重农民负担。

3. 坚持推进基层民主

通过逐步规范基层民主制度，不断增强农民群众的民主意识，强化民主监督，切实保障农民群众的知情权、决策权、监督权。

4. 坚持预防与查处相结合

要加强教育，着力构筑防止农民负担反弹的思想和工作防线，坚决查处违规违纪行为。

（三）减轻农民负担"五项制度"

农业部、国务院纠风办、财政部、国家发改委、国务院法制办、教育部、新闻出版总署7个部门联合下发了《关于做好减轻农民负担工作的通知》，要求切实减轻农民负担，重点建立健全减负"五项制度"。

1. 建立健全涉及农民负担收费文件"审核制"

省、市、县三级要定期对涉及农民负担的收费文件进行清理，并及时将清理情况汇总上报。

2. 建立健全涉农价格和收费"公示制"

国家对农民的粮食直补等补贴政策及兑付情况要予以公示，并按规定程序进行审核。

3. 建立健全农村公费订阅报刊"限额制"

乡镇、村级组织和农村中小学校公费订阅报刊，不得超出或变相超出限额标准。

4. 建立健全农民负担"监督卡制"

农民负担监督卡要充实涉农价格等政策内容，及时发放到户。

5. 建立健全涉及农民负担案件"责任追究制"

对涉及农民负担的违规违纪行为，对负有领导责任的人员和直接责任人员进行纪律追究。

二、减轻农民负担重点工作

根据《国务院办公厅关于做好当前减轻农民负担工作的意见》要求，当前减轻农民负担，必须重点做好以下六方面工作。

（一）认真落实和完善减轻农民负担的"四项制度"

各地要进一步落实和健全涉农税收、价格及收费"公示制"，适时更新公示内容，创新公示形式，除在乡镇政府所在地统一公示外，涉农收费单位要在收费现场进行公示。认真落实农村义务教育收费"一费制"，对实行免学杂费的地区，除按"一费制"规定的额度收取课本费、作业本费和寄宿学生住宿费外，学校不得再向学生收取其他费用；对享受免费提供教科书的学生，不再收取课本费。乡镇、村级组织和农村中小学校公费订阅报刊要严格执行"限额制"，坚持自愿订阅原则，严禁摊派发行。继续深入贯彻执行涉及农民负担案（事）件"责任追究制"，坚持对涉及农民负担案（事）件进行通报，进一步完善预防和处置涉及农民负担案（事）件的有效机制。

（二）重点治理农民反应强烈的突出问题

各地要从实际出发，深入开展对农村义务教育、农民建房、农村土地、殡葬、计划生育等方面乱收费、乱罚款的专项治理。农村中小学校向学生提供服务，必须坚持学生自愿和非盈利原则，不得强制服务和强制收费，不得向学生收费统一购买教学辅导材料和学具，不得要求学生统一购买校服、卧具。严禁向农民家庭承包的土地收取土地承包费。今年要在全国范围内重点抓好农民普遍反应强烈的农业灌溉水费电费问题的专项治理。继续选择农民负担重的县（市、区）进行综合治理，实行检查、处理、整改全程监督。

（三）严格规范村级组织收费

开展对村级组织乱收费行为的专项治理，严禁有关部门或单位委托村级组织向农民收取税费，违反规定的要坚决纠正。地方各级人民政府及有关部门需要村级组织协助开展工作的，要提供必要的工作经费，严禁将部门或单位经费的缺口转嫁给村级组织。建立健全村级组织运转经费保障机制，加大对村级组织运转资金补助力度，确保补助资金及时足额到位，确保五保户供养、村干部报酬和村级办公经费等方面的支出。村级补助资金要专款专用，确定到县、控制到乡、落实到村，防止"跑冒滴漏"。地方各级人民政府进行农村公益事业建设必须量力而行，不准向村级组织摊派、集资或强制要求村级配套。严禁村级组织擅自设立项目向农民收费，严禁用押金、违约金、罚款等不合法方式来约束村民、管理村务。

（四）健全以"一事一议"为主要形式的村民民主议事机制

各地要认真总结经验，按照群众急需、直接受益、量力而行、民主决策的原则，进一步规范议事程序、范围和标准，逐步建立以政府补助资金为引导、筹补结合的农村基础设施等公益事业建设投入新机制，引导农民依靠自己的辛勤劳动改善自身生产生活条件。在推进"一事一议"中，各地要积极探索加强农村基层民主制度建设的新途径。所议事项要符合大多数农民的需要，解决农民迫切需要解决的问题；议事过程要坚持民主程序，不走过场，不搞形式主义；实施过程和结果要让群众全程参与监督，筹资筹劳的使用情况要透明公开。强化财政投入与农民投入相结合，有条件的地方可采取以奖代补、项目补助等办法给予支持，引导农民自愿出资出劳。

（五）完善农民负担日常监督管理机制

要继续坚持和完善农民负担监督卡、项目审核与监测等日常监督管理制度，将农民负担监督管理与农村土地承包、农村集体财务和农村审计等管理紧密结合，切实维护农民合法权益。强化农民负担信访管理，畅通涉及农民负担的信访渠道，建立健全信访受理、督办、处理和反馈制度，做到受理及时、督办得力、处理到位。强化农民负担检查，实行综合检查与专项检查、检查与回访、明察与暗访、检查与处理相结合，不断提高检查效果。强化对违规违纪行为的查处，重点查处向农民乱收费、乱罚款、截留平调挪用农民的各种补贴补偿款以及其他涉及农民负担的案（事）件。有关部门要尽快研究制定对涉及农民负担的违规违纪行为的处理办法。

（六）强化减轻农民负担工作责任制

地方各级人民政府要继续坚持主要领导亲自抓、负总责的工作制度，层层落实责任，一级抓一级，一级对一级负责。继续落实谁主管、谁负责的专项治理部门责任制，强化分工协作、齐抓共管的工作机制。加强调查研究，积极研究探索新形势下对农民负担监督管理的长效机制。加强法制建设，完善相关法律法规，切实做到依法监督管理农民负担。各地要制定和完善减轻农民负担工作考核办法，逐步形成制度，重点对政府主要领导负责制、涉农收费监管、农民权益维护、制度建设、案件查处等方面进行考核。对减轻农民负担工作成绩突出的，要进行表彰。对农民负担问题较多的地方或单位，要实行重点监控，限期整改，确保减轻农民负担的各项政策落到实处。

三、涉及农民负担的社会收费项目标准

（一）涉及农民负担的社会收费项目标准

1. 农民建房收费指农民依法利用农村集体土地新建、翻建自用住房时负担的行政事业性收费

主要包括：国土资源部门收取的土地证书工本费，普通证书每本 5 元，国家特制证书每本 20 元，由农民自愿选择。建设部门收取的《房屋所有权登记证书》工本费，每本 10 元。

2. 农村中小学收费指接受义务教育和普通高中教育的农村学生负担的行政事业性收费以及学校代收费

主要包括：未实行"一费制"区的农村小学和初中收取的杂费，以及由学校统一订购课本代收的课本费；实行"一费制"地区的农村小学和初中只向学生收取一项费用，不再向学生收取任何其他费用，"一费制"的收费标准为：农村小学每学年每生 160 元，农村初中每学年每生 260 元，各省、自治区、直辖市可适当浮动，浮动范围不得超过 20%，农村普通高中收取的学费、择校费和住宿费（向寄宿生收取），以及由学校统一订购课本代收的课本费。

3. 农民进城务工收费指进城务工的农民负担的行政事业性收费

主要包括：公安部门向外来务工农民收取的《暂住证》工

本费，每证最高不超过5元。公安部门对外来务工农民发放暂住证卡的，收取暂住证卡工本费，含集成电路的证卡每张最高不超过20元，不含集成电路的证卡每张最高不超过15元。计划生育部门向外出务工农民收取的《流动人口婚育证明》工本费，每证最高不超过5元。

（二）2004年国家公布减免的15项涉农收费项目

财政部会同国家发展和改革委员会公布了2004年取消、免收和降低标准的15项全国性及中央部门涉农收费项目。

取消的涉农收费有3项，包括：国内植物检疫费中的检疫证书费，畜禽及畜禽产品防疫检疫费中的兽医卫生条件考核、发证和定期技术监测收费，户籍管理证件工本费中的寄住证工本费。

对农民免收的收费有8项，包括：水土流失防治费，河道工程修建维护管理费，取水许可证费，涉及农村中农民生活用水和农业生产用水的水资源费，建设用地批准书工本费，对从事营业性运输的农用三轮车、农用拖拉机收取的公路运输管理费，对自产自销农副产品的农民收取的城乡集贸市场管理费，农村义务教育借读费。

降低标准的涉农收费有4项，包括：畜禽及畜禽产品检疫费，农机监理费，渔业船舶检验费，海事调解费。

第三节　农业支持保护政策规定

一、农业支持保护概述

（一）农业支持保护的概念

农业支持保护是在国民经济运行过程中，政府采取的一系列支持与保护农业的政策措施的总和。它包括两个相互联系的方面：第一，农业支持保护是市场经济下的一种政府行为，它是指政府作为主体，着眼于经济运行全局，运用政策手段对农业发展进行调控的一种方式；第二，农业支持保护是一个完整的政策体系，它由不同层面、不同环节各种有利于农业发展的政策所组成。农业支持保护的核心是投入支持，即增加对农业的资金投入。通过投入支持，提高农业的生产力和竞争力，提高农民的收入水平，改善农村的生产、生活和生态环境。

农业发展离不开政府的支持和保护，农业保护是一种普遍的国际现象。无论是发达国家还是发展中国家，都或多或少地对农业采取了支持和保护措施。发达国家已形成农业支持保护政策体系，在这个体系中，各种措施相互配套，相互补充，共同发挥作用。支持措施的覆盖面很广，不只针对农业的某个方面，而是包括了农业和农村经济活动的各个方面，如收入支持、金融支持、基础设施支持、生产技术支持、生态环境支持、农村生活条件支持、灾害防范和救助支持、税收支持、贸易支持和法律支持等。

（二）建立农业支持保护体系

农业支持保护体系，是促进农业发展的重要手段，也是国家工农关系、城乡关系的重要反映。改革开放 30 年来，我国农业支持保护体系的演变，大致经历了 3 个阶段：1978—1999 年，财政支农体系初步建立，支农投入逐步增加，1998 年支农资金突破 1 000 亿元。1999—2003 年，财政支农资金的调整期，国家与农业的取予关系发生了重大变化，改变了以农业养育工业的重要取向。2003 年以来，农业财政政策以促进农村经济社会全面发展、实现城乡一体化为目标，进行了重大的调整，加大了支农政策的投入力度，扩大了公共财政对农村的覆盖范围，增加了对农村基础设施和农村公共服务的投入。

目前，财政支农政策已形成促进农民增收、农业发展和农村繁荣的完整体系。2000 年，我国开始农村税费改革试点，中央财政安排专项转移支付补助资金予以支持。2006 年 1 月 1 日起，征收了 2 600 多年的农业税退出历史舞台。加大对农民的补贴力度，构建促进农民增收的政策体系。为了提高农民种粮积极性，增加农民收入，国家进行了粮食直补等四大补贴政策，对农民卖粮实施粮食最低价制度，最低收购价的利息费用等补贴均由中央财政负担。大力支持农业生产发展，构建农业产业政策支持体系。加大农业农村基础设施的投入，改善农村生产生活条件，大力支持现代农业发展，加大了对生猪、奶牛、油料的支持力度，切实保证了主要农产品的供应。支持重大生产工程建设，促进经济社会可持续发展，不断加大扶贫的力度。支持发展农村社会事业，构建农村社会事业的支持体系。完善城乡统筹发展的制度，逐步扩大公共财政覆盖农村的范围，支持建立新型农村合作医疗制度，支持农村义务教育保障经费改革，支持建立农村最低生活保障制度，以实现覆盖城乡的社会保障制度。支持农村文化事业的发展和广播、电视、村村通等重点工程的建设。

（三）建立支持保护体系原则

1. 坚持城乡统筹的原则，加大财政支农投入

强化农业基础，保障国家粮食安全，统筹城乡发展。新增教育、卫生、文化支出主要用于农村。

2. 充分运用直接补贴方式，调动农民积极性

2004 年以来，国家陆续出台了粮食直补等众多直接补贴农民的政策，财政补贴资金直接发给农民，充分调动了农民的积极性，这是我国支农政策取得重大成效的宝贵经验。

3. 坚持体制创新和机制创新，提高财政支农资金的使用效率

不断完善财政投入方式，贷款贴息等政策手段提高了农民参与的积极性，吸引其他社会资金投入农业。财政投入资金的管理迈向透明化，多种管理方式加强了财政资金管理和社会监督。逐步推进财政资金整合，强化配合与协调，提高财政支农资金的使

用效果。财政投入的支持对象更加全面，将农业产业化龙头企业等纳入政府扶持范围，有效解决了部分财政支农资金难以面对数量众多的小农户的问题。

二、我国现有农业产业支持和保护政策

近几年来，随着我国综合国力的不断增强和国家对"三农"问题的重视，在"以工补农，以城带乡"和"多予、少取、放活"两个基本方针的指导下，国家出台了一系列对农业、农村和农民的支持保护政策，初步形成了一个围绕以粮食生产、农业增效、农民增收和农村综合发展为目标的农业产业支持和保护政策框架体系。主要包括以下内容。

（一）不断加大对农业的投入，农业支持保护水平稳步提高

2004 年以来，中共中央连续出台 8 个"一号文件"，提出明确具体的财政支农资金增量要求。坚持财政支出优先支持农业农村发展，预算内固定资产投资优先投向农业基础设施和农村民生工程，土地出让收益优先用于农业土地开发和农村基础设施建设等支农政策。2006 年全部取消农业税，农民每年减负总额将超过 1 000 亿元，人均减负 120 元左右，8 亿农民得到实惠。中央财政"三农"支出由 2003 年的 2 144.2 亿元增加到 2010 年的 8 579.7 亿元，年均增长 21.9%。这些政策促进了财政支农资金的持续增加，为我国农业发展和增加农民收入发挥了重要的作用。

支持改善农业农村基础设施。近三年来，支持 8 000 多座重点小型病险水库除险加固，全面完成大中型水库除险加固任务。2009—2010 年，在 850 个县实施小型农田水利重点县建设。加强农业综合开发，2001—2010 年，支持改造中低产田、建设高标准农田 2.8 亿亩，新建续建中型灌区节水配套改造项目 416 个，新增和改善灌溉面积 2.5 亿亩，增加粮食综合生产能力 3 645 万

吨；扶持产业化经营项目 6 884 个，建设优质高效种植基地 874 万亩，发展水产养殖 348 万亩。加大对产粮（油）大县的奖励力度，增强地方政府发展农业生产的积极性。农村金融服务体系不断完善，农业保险保费补贴试点省份扩大到 29 个，带动 3.9 亿户次农户参保，提供风险保障超过 1.1 万亿元。增加现代农业生产发展专项资金规模，积极创新资金管理使用机制，促进各地优势特色产业快速发展。财政扶贫开发力度不断加大，农村贫困人口从 2000 年的 9 423 万人减少到 2009 年的 3 597 万人，贫困地区基础设施建设和优势特色产业发展取得明显成效。

（二）初步建立国内农业支持和保护政策框架

近年来，在国家加大对"三农"支持力度、减轻各项农民负担的同时，财政对农业的支持形式也在发生变化。继 2004 年开始实行对种粮农民直接补贴、良种补贴和农机具购置补贴之后，2006 年又增加了对农民的生产资料价格综合补贴。截至 2010 年底，粮食直补、农资综合补贴、良种补贴、农机具购置补贴等四项补贴达到 5 088.9 亿元，逐步扩大补贴品种和范围，并不断完善管理办法。建立农资综合补贴动态调整机制。农作物良种补贴扩大到 10 个品种，水稻、小麦、玉米和棉花实现全覆盖，大豆和油菜实现主产区全覆盖，马铃薯原种、青稞、花生补贴试点顺利启动。农机具购置补贴覆盖全国所有农（牧）业县（场）的农业生产急需机械种类。大幅提高主要农产品最低收购价，切实保障种粮农民利益。这些政策有效调动了农民种粮积极性，促进了农民增收。根据农业发展需要，国家还实施了奶牛良种补贴、生猪良种补贴、能繁母猪补贴、后备母牛饲养补贴和蛋鸡补贴等畜禽养殖补贴，重大动植物疫病防疫补助、农业保险补贴，以及劳动力转移培训补助、新型农民培训补助，测土配方补助、科技入户技术补贴、渔业生产柴油补助等其他补贴。同时，国家还增强了对农业生产大县的奖励政策。除农业补贴政策外，国家逐年提高粮食最低收购价，实施临时收储制度。

（三）利用国际规则，探索开展农业贸易救济

加入世界贸易组织以后，我国农业的对外开放程度迅速扩大，国内外市场的联系更加直接和紧密。农业发展不仅要面临自然风险，而且，在国外农产品大量进口冲击下，农业的市场风险明显增加。在世界贸易组织规则允许的范围内，贸易救济是一国农产品生产、流通的有效保护手段和措施。主要有三种，即反倾销、反补贴和保障措施。几年来，我国初步开展了农业贸易救助立法和贸易救济措施。1994 年的《对外贸易法》对我国实施贸易救济，采取反倾销、反补贴和保障措施作出了原则性规定，提供了法律依据。1997 年我国颁布《反倾销和反补贴条例》，成为我国建立健全贸易救济制度的重要步骤。经过几年的实践和经验积累，2001 年国家又重新制定和颁布了《反倾销条例》《反补贴条例》《保障措施条例》，并在 2004 年对上述三个条例做了进一步修改。标志着我国的贸易救济法律体系进一步健全，基本上实现了贸易救济的有法可依。2006 年中国发起针对欧盟进口马铃薯淀粉的反倾销调查并最终采取反倾销措施，成为中国农业贸易救济实践发展的重要标志。中国调查机关经调查认定欧盟马铃薯淀粉出口存在倾销行为，并对中国国内相关产业造成了实质性损害，据此裁定对欧盟进口马铃薯征收反倾销税。2009 年 4 月 17 日，中国就美国某些影响中国禽肉进口的措施向世界贸易组织争端解决机构提起与美国磋商的申诉。这是中国加入世界贸易组织 7 年来，第一次针对农产品出口受阻向世界贸易组织提起申诉。

（四）完善农产品进出口调控，实施农产品出口促进政策

出口退税已成为中国政府调整农产品贸易结构的重要政策工具。2007 年底和 2008 年初，面对国际市场粮价不断攀升，我国政府对粮食采取了取消出口退税、征收出口暂定关税和实行出口配额许可证管理等一系列措施。从 2007 年 12 月 20 日起取消小

麦、稻谷、大米、玉米、大豆等原粮及其制粉的出口退税，共涉及84个税则。此举有利于抑制粮食出口，确保国内粮食安全和粮价稳定。但随着由美国次贷问题引发的全球金融危机不断深化，主要发达国家陆续出现经济衰退，发展中国家的经济随之也受到冲击，全球消费市场趋于萧条，农产品价格开始急剧下滑。在此情况下，为稳定国内农产品市场，促进农产品贸易平衡，我国政府对农产品税率进行了调整，税率调整也成为我国政府调控农产品贸易的重要手段。2008年11月17日对农产品出口退税的政策进行了调整，自12月1日起取消玉米和大豆5%的出口关税，小麦20%和稻米5%的出口关税税率则下调至3%。此外，在粮食制品方面，玉米制粉及淀粉10%的出口关税被取消，小麦面粉及淀粉出口关税从25%下调为8%。并且，从2009年7月起，我国取消了对粮食出口的临时性干预措施。此外，为促进贸易平衡，国家还采取了一系列促进农产品出口的有效政策，从2007年10月1日起至2008年12月31日止，国家对实施法定检验检疫的出口农产品减免出入境检验检疫费。其中，对出口活畜、活禽、水生动物以及免验农产品全额免收出入境检验检疫费，对其他出口农产品减半收取出入境检验检疫费。农产品出口在质量可追溯体系建设、出口信用保险、加强质量安全认证等方面也得到了政策的有力支持。

为落实国家"扩内需、促出口、稳价格"的政策部署，我国农业贸易促进部门积极推进农产品市场营销促销工作，组织国内农业企业赴东盟进行农产品推介活动，努力拓展优势农产品出口，取得了初步成效。2006年开始，农业部农业贸易促进中心组织国内农业产业化龙头企业在马来西亚、新加坡等国家举办了多场农产品推介活动。2006年组织参加了在马来西亚和新加坡举办的中国农产品推介会，2007年和2008年分别组织参加了马来西亚国际饮食品展。参展产品以蔬菜、水果、茶叶、食用菌、调味品、水产品、畜产品及杂粮等十多类产品为主，取得了良好的交易成果。目前农业部以马来西亚国际饮食品展为平台面向东盟各国的系列推介活动，已经成为促进中国与东盟农产品贸易的稳定和有效的渠道。这一系列灵活的农产品进出口调控政策的实施，为保证实现我国粮食连续 6 年增产和国内市场平稳运行，发挥了积极作用。

（五）发展农村社会事业

农村义务教育经费保障机制改革目标全面实现，保障水平不断提高。家庭经济困难学生资助政策体系逐步完善。建立健全新型农村合作医疗制度，各级财政补助标准由 2003 年的年人均补助 20 元提高到 2010 年的 120 元，截至 2010 年底，参合人数超过 8.35 亿人。实行农村医疗救助制度，资助农村困难群众参加新农合和减轻其大病费用负担，超过 4 100 万人受益。启动新型农村社会养老保险试点，全国试点覆盖范围已达 23% 左右。在全国范围内普遍建立农村最低生活保障制度，保障标准不断提高。将农村五保对象纳入公共财政保障范围，供养工作走上规范化、法制化管理轨道。积极支持农村危房改造，2008—2010 年，改造农村危房 204 万户。支持实施农家书屋、农村电影放映等工程，农村文化生活不断丰富。这些使农村的社会保障范围逐步扩大，保障水平不断提高。

为调动广大农民参与农村公益事业建设的积极性，破解农村公益事业发展难题，在总结地方实践经验的基础上，2008 年中央决定在黑龙江等 3 个省份开展村级公益事业建设一事一议财政奖补试点，对村民一事一议筹资筹劳开展村内小型水利设施、道路修建、环境卫生、植树造林等村级公益事业建设，财政适当给予奖补。2009 年试点省份增加到 17 个，2010 年进一步扩大到 27 个。截至 2010 年底，各级财政奖补资金累计达到 477 亿元，带动村级公益事业总投入超过 1 800 亿元，建成项目 63 万多个。村级公益事业建设一事一议财政奖补制度，极大地激发了农民自觉开展农村公益事业建设的热情，改善了农民生产生活条件，促进了基层民主政治建设，成为社会主义新农村建设的重要抓手，是中央出台的又一项德政工程、民心工程。

三、具体支持保护政策

（一）种粮直补和农资综合补贴政策

1. 种粮农民直接补贴

要求通过"一卡通"或"一折通"直接兑付到农民手中。今后逐步加大对种粮农民直接补贴力度，将粮食直补与粮食播种面积、产量和交售商品粮数量挂钩。2011年中央财政共安排粮食直补151亿元。

2. 农资综合补贴

建立和完善农资综合补贴动态调整制度，根据化肥、柴油等农资价格变动，遵循"价补统筹、动态调整、只增不减"的原则及时安排农资综合补贴资金，合理弥补种粮农民增加的农业生产资料成本，新增部分重点支持种粮大户。2011年农资综合补贴860亿元。

3. 良种补贴政策

2011年良种补贴规模进一步扩大，部分品种标准进一步提高。2011年中央财政安排良种补贴220亿元，比上年增加16亿元。东北和内蒙古自治区（以下简称"内蒙古"）的大豆、长江流域10个省市和河南信阳、陕西汉中和安康地区的冬油菜实行全覆盖。小麦、玉米、大豆和油菜每亩补贴10元，其中，新疆地区的小麦良种补贴提高到15元。早稻补贴标准提高到15元，与中晚稻和棉花持平；水稻、玉米、油菜补贴采取现金直接补贴方式，小麦、大豆、棉花可采取统一招标、差价购种补贴方式，也可现金直接补贴，具体由各省根据实际情况确定；继续实行马铃薯原种生产补贴，在藏区实施青稞良种补贴，在部分花生产区继续实施花生良种补贴。

4. 农机购置补贴政策

2011 年，农机具购置补贴增加到 175 亿元，比上年增长 20 亿元，补贴范围继续覆盖全国所有农牧业县（场）。补贴机具种类涵盖 12 大类 46 个小类 180 个品目，在此基础上各地可再自行增加 30 个品目。中央财政农机购置补贴资金实行定额补贴，同一种类、同一档次农业机械在省域内实行统一补贴标准。定额补贴按不超过各省市场平均价格的 30% 测算，汶川地震重灾区县、重点血防疫区补贴比例可提高到 50%。单机补贴上限 5 万元，100 马力以上大型拖拉机、高性能青饲料收获机、大型免耕播种机、挤奶机械、大型联合收割机、水稻大型浸种催芽程控设备、烘干机单机补贴限额可提高到 12 万元；大型棉花采摘机、甘蔗收获机、200 马力以上拖拉机单机补贴额可提高到 20 万元。

（二）完善重要粮食品种最低收购价政策

为进一步加大对粮食生产的支持力度，增加农民种粮收入，国家决定从新粮上市起适当提高主产区 2011 年生产的小麦、稻谷最低收购价水平。每 50kg 白小麦（三等，下同）、红小麦、混合麦最低收购价分别提高到 95 元、93 元、93 元，比 2010 年提高 5 元、7 元和 7 元，提价幅度分别为 5.6%、8.1% 和 8.1%；每 50kg 早籼稻（三等，下同）、中晚稻、粳稻最低收购价格分别提高到 102 元、107 元、128 元，比 2010 年提高 9 元、10 元、23 元，提价幅度分别为 9.7%、10.3% 和 21.9%。提高小麦、稻谷最低收购价，将有利于补偿粮食生产成本增加，促进农民种粮收益稳步增长，确保粮食生产稳定发展。

（三）产粮大县奖励政策

为改善和增强产粮大县财力状况，调动地方政府重农抓粮的积极性，2005 年中央财政出台了产粮大县奖励政策。政策实施以来，中央财政一方面逐年加大奖励力度，一方面不断完善奖励机制。2010年产粮大县奖励资金规模约210亿元，奖励县数达到1 000多个。为鼓励地方多产粮、多调粮，中央财政依据粮食商品量、产量、播种面积各占50%、25%、25%的权重，结合地区财力因素，将奖励资金直接"测算到县、拨付到县"。对粮食产量或商品量分别位于全国前100位的超级大县，中央财政予以重点奖励；超级产粮大县实行粮食生产"谁滑坡、谁退出，谁增产、谁进入"的动态调整制度。自2008年起，在产粮大县奖励政策框架内，增加了产油大县奖励，由省级人民政府按照"突出重点品种、奖励重点县（市）"的原则确定奖励条件，全国共有900多个县受益。为更好地发挥奖励资金促进粮食生产和流通的作用，中央财政建立了"存量与增量结合、激励与约束并重"的奖励机制，要求2008年以后新增资金全部用于促进粮油安全方面开支，以前存量部分可继续作为财力性转移支付，由县财政统筹使用，但在地方财力困难有较大缓解后，也要逐步调整用于支持粮食安全方面开支。同时规定，奖励资金不得违规购买、更新小汽车，不得新建办公楼、培训中心，不得搞劳民伤财、不切实际的"形象工程"。2011年中央财政安排奖励资金225亿元，对粮食生产大县除一般性财政转移支付奖励政策外，对增产部分再给予适当奖励。

此外，2011年中央财政新增粮食风险基金预算40亿元并已下拨到省，用于继续取消粮食主产区粮食风险基金地方配套。加上2009年和2010年已逐步取消的58亿元，中央财政通过三年全部取消了粮食主产区的粮食风险基金地方配套，今后主产区粮食风险基金249亿元将全部由中央财政补助，每年减轻主产区财政负担98亿元。

（四）生猪大县奖励政策

生猪调出大县政策从2007年开始实施，目的是调动地方发展生猪产业的积极性，促进生猪生产、流通，引导产销有效衔接，保障猪肉市场供应安全。2010年中央财政安排奖励资金30亿元，专项用于发展生猪生产和产业化经营。奖励资金按照"引导生产、多调多奖、直拨到县、专项使用"的原则，依据生猪调出量、出栏量和存栏量权重分别为50%、25%、25%进行测算，2010年奖励县数362个。2011年中央继续实施生猪调出大县奖励。主要用于生猪养殖场（户）的猪舍改造、良种引进、防疫管理、粪污处理和贷款贴息等；扶持生猪产业化骨干企业整合产业链，引导产销衔接，提高生猪的产量和质量。

（五）大规模推进粮棉油糖高产创建政策

开展粮棉油糖高产创建是促进粮棉油糖生产稳定发展的重要抓手，通过良田、良种、良法、良制、良机的有机结合，挖掘增产潜力，集成推广先进实用技术，促进大面积均衡增产。2010年，中央财政安排专项资金10亿元，在全国建设高产创建万亩示范片5 000个，总面积超过5 600万亩。其中，粮食作物4 380个、油料作物370个、新增糖料万亩示范片50个。共惠及7 048个乡镇（次）、37 688个村（次）、1 260.77万农户（次）。按照《国务院办公厅关于开展2011年粮食稳定增产行动的意见》，今年将进一步加大投入，创新机制，在更大规模、更广范围、更高层次上深入推进。

粮食高产创建，将选择基础条件好、增产潜力大的50个县（市）、500个乡（镇），开展整乡整县整建制推进粮食高产创建试点。《全国新增1 000亿斤粮食生产能力规划（2009—2020年）》中的800个产粮大县（场）也要整合资源，积极推进整乡整县高产创建。今年，中央财政将在去年基础上增加5亿元高产创建补助资金。

（六）建设高标准农田政策

大规模建设旱涝保收的高标准农田是中央做出的重大决策。

"十一五"期间，中央财政共投入 2 000 多亿元，由国家有关部门根据职责分工，按照各自资金渠道，积极支持农田基础设施建设，重点向粮食主产区倾斜。其中，2010 年，国家安排用于田间工程建设资金 55 亿元，建设 1 380 万亩高标准粮田。通过高标准农田建设，改善了农田排灌条件，提升了耕地质量，增强了农业综合生产能力，为粮食稳定发展和农民持续增收提供了有力的资源条件保障。

2011 年，国务院有关部门正按照党的十七届五中全会提出的"大规模建设旱涝保收高标准农田"要求，抓紧编制高标准农田建设规划，确定全国高标准农田建设的指导思想、目标任务、分区布局、建成标准、主要措施，指导各部门、各地方开展高标准农田建设。同时，积极筹措落实建设资金，突出重点区，抓住农田灌排、土壤质量和耕作技术突出问题，大力推进高标准农田建设。

（七）强化耕地质量建设政策

目前，正在实施的加强耕地质量建设的政策项目主要包括测土配方施肥补贴和土壤有机质提升试点补贴。截至 2010 年，测土配方施肥补贴项目已涵盖全国 2 498 个县（场、单位），受益农户达 1.6 亿，技术推广面积 11 亿亩以上。2011 年，国家将继续实施测土配方施肥补贴项目，计划免费为 1.7 亿农户提供测土配方施肥技术服务，推广测土配方施肥技术面积 12 亿亩以上。

土壤有机质提升试点补贴项目方面，到 2010 年，已涵盖全国 30 个省（区、市，含中央农垦系统）的 619 个县（市、区、场），补贴资金规模从 1 700 万元扩大到 5.5 亿元，实施面积从 85 万亩增加到 2 750 万亩以上，技术模式从单一的稻田秸秆还田腐熟技术推广，发展到秸秆还田、种植绿肥、增施商品有机肥并举的局面。据监测统计，实施土壤有机质项目区的土壤有机质含量增幅在 8% 以上，亩均减少化肥使用量 6~8kg，农作物增产在

8%左右。2011年，国家将进一步扩大土壤有机质提升补贴规模和范围。对农民使用秸秆腐熟剂、应用秸秆还田腐熟技术给予每亩20元补贴，力争项目区稻田秸秆还田率达到95%以上。对农民购买绿肥种子和根瘤菌剂给予每亩20元补贴，力争项目区绿肥鲜草亩产达到1 500kg以上，减少化肥施用量10%以上。继续扩大增施商品有机肥补贴，对商品有机肥给予每吨200元的补贴，每亩补贴100kg用量，消纳畜禽粪便等农业有机废弃物，培肥改良土壤。同时，利用测土配方施肥项目成果，促进有机、无机肥配合施用。

（八）大规模推进农作物病虫害专业化统防统治政策

大力推进农作物病虫害专业化统防统治，既能解决农民一家一户防病治虫难的问题，又能显著提高病虫防治效果、效率和效益，是保障农业生产安全、农产品质量安全、农业生态环境安全的有效措施。根据国务院2011年2月9日常务会议精神，今年中央财政将安排5亿元专项资金对承担实施病虫统防统治工作的2 000个专业化防治组织进行补贴。

平均每个防治组织补助标准为25万元。补贴资金主要用于购置防治药剂、田间作业防护用品、机械维护用品和病虫害调查工具等方面，提升防治组织的科学防控水平和综合服务能力。实施范围是全国29个省（区、市）小麦、水稻、玉米三大粮食作物主产区800个县（场）和迁飞性、流行性重大病虫源头区200个县的专业化统防统治。接受补助的防治组织应具备三个基本条件：一是工商或民政部门注册并在县级农业行政部门备案；二是具备日作业能力在1 000亩以上的技术、人员和设备等条件；三是承包防治面积达到一定规模，具体为南方中晚稻1万亩以上，小麦、早稻或北方一季稻面积2万亩以上，玉米3万亩以上。需要补助的防治服务组织，需先向县级农业行政主管部门提出书面申请，经确认资格并核实能承担的防治任务后可享受补贴。

（九）加强重大动物疫病防控政策

为了促进畜牧业健康发展，国家不断增加对动物疫病防控的投入，进一步完善重大动物疫病防控政策。目前我国已形成以重大动物疫病强制免疫疫苗经费补助、扑杀补贴和基层动物防疫工作补助为主要内容的动物防疫补贴政策。重大动物疫病强制免疫补助政策：国家对高致病性禽流感、口蹄疫、高致病性猪蓝耳病、猪瘟等重大动物疫病实行强制免疫政策。疫苗经费由中央财政和地方财政共同按比例分担，养殖场（户）无需支付强制免疫疫苗费用。扑杀补贴政策：国家对高致病性禽流感、口蹄疫、高致病性猪蓝耳病、小反刍兽疫发病动物及同群动物和布病、结核病阳性奶牛实施强制扑杀。对因重大动物疫病扑杀畜禽给养殖者造成的损失予以补贴，补贴经费由中央财政和地方财政共同承担。基层动物防疫工作补助政策：为支持基层动物防疫工作，中央财政对基层动物防疫工作实行经费补助。补助经费用于对村级防疫员承担的为畜禽实施强制免疫等基层动物防疫工作经费的劳务补助。

（十）扶持"菜篮子"产品标准化生产政策

实施农业标准化生产是从根本上保障农产品质量安全、确保"菜篮子"产品稳定供应、促进农民增收的重要手段和途径。

2010 年农业部公布了首批参加创建的 819 个蔬菜、水果、茶叶标准园，并安排 1.2 亿元财政资金用于支持 235 个标准园建设。2011 年农业部将进一步集成技术、集约项目、集中力量，在优势产区扩大创建范围，创建一批规模化种植、标准化生产、商品化处理、品牌化销售、产业化经营的基地，示范带动园艺产品质量全面提升和效益提高，对项目实施范围内的标准园每园补贴 50 万元。其中，35 万元用于生态栽培物化技术应用补贴，10 万元用于推进标准化生产补贴，5 万元用于质量管理补贴。

2010 年，中央财政投入 5 亿元资金实施畜禽标准化养殖扶持项目，对主产省区蛋鸡、肉鸡、肉牛和肉羊规模养殖场，采取"以奖代补"方式支持标准化生产改造。2011 年，中央财政将继续投入 5 亿元扶持资金。

（十一）完善鲜活农产品"绿色通道"政策

2010 年国家有关部门决定进一步完善鲜活农产品运输绿色通道政策，主要内容包括：一是扩大鲜活农产品运输"绿色通道"网络。从 2010 年 12 月起，全国所有收费公路（含收费的独立桥梁、隧道）全部纳入鲜活农产品运输"绿色通道"网络范围，对整车合法装载运输鲜活农产品车辆免收车辆通行费。新纳入鲜活农产品运输"绿色通道"网络的公路收费站点，要按规定开辟"绿色通道"专用道口，设置"绿色通道"专用标识标志，引导鲜活农产品运输车辆优先快速通过。二是增加鲜活农产品品种。在 2009 年确定的 24 类 133 种鲜活农产品品种目录的基础上，将马铃薯、甘薯（红薯、白薯、山药、芋头）、鲜玉米、鲜花生列入到"绿色通道"产品范围，落实免收车辆通行费等相关政策。三是进一步细化"整车合法装载"的认定标准。对《目录》范围内的不同鲜活农产品混装的车辆，按规定享受鲜活农产品运输"绿色通道"各项政策；对《目录》范围内和《目录》范围外的其他农产品混装，且混装的其他农产品不超过车辆核定载质量或车厢容积 20% 的车辆，比照整车装载鲜活农产品车辆执行。对超载幅度不超过 5% 的鲜活农产品运输车辆，比照合法装载车辆执行。

（十二）实施农村沼气建设政策

2003 年以来，中央大力支持农村沼气建设，投资规模和支持领域不断拓展，2010 年，中央投资 52 亿元补助建设农村沼气，新增沼气用户 320 万户，其中，大中型沼气工程 1 000 处以上。继续加强沼气服务体系建设，推进后续服务管理提升行动，着力提高沼气使用率和"三沼"利用率，促进农村沼气发展上规模、上水平。2011 年，国家将继续支持发展农村沼气，力争年末农村沼气户数达到 4 325 万户，比上年增加 325 万户。

农村沼气建设实行项目管理，按照"因地制宜、农户自愿、保证质量、强化服务"的原则稳步实施户用沼气项目。户用沼气项目基本建设内容为户用沼气池，同步实施改圈、改厕、改厨。目前每个户用沼气中央投资补助标准西部、中部和东部分别为 1 500 元、1 200 元和 1 000 元；对农户相对集中的村庄，以农村居民为用气对象，按照"统一建池、集中供气、综合利用"的原则，支持建设以畜禽粪便或秸秆为原料的小型沼气，沼渣沼液用于还田，按照供气户数，小型沼气中央补助标准为户用沼气补助标准的 150%；在具有稳定原料来源的规模化养殖场、养殖专业合作社或行政村等，支持建设以畜禽粪便或秸秆为原料的大中型沼气，沼气可用于向周围居民供气或发电，中央投资优先支持向农户集中供气的大中型沼气项目。对西、中、东部地区大中型沼气，中央分别补助项目总投资的 45%、35% 和 25%，总量分别不超过 250 万元、200 万元和 150 万元，地方分别按照不低于项目总投资的 5%、10% 和 20% 的标准予以配套投入。沼气服务体系重点建设乡村服务网点，主要建设内容是"六个一"，即一处服务场所、一个原料发酵贮存池、一套进出料设备、一套检测设备、一套维修工具、一批沼气配件。对西、中、东部地区乡村服务网点，中央按照每个 4.5 万元、3.5 万元和 2.5 万元分别予以补助，地方按照不低于 0.5 万元、1.5 万元和 2.5 万元的标准分别予以补助。

（十三）加强农民教育培训和农村实用人才培养

一是实施农村劳动力培训阳光工程。丰富培训内容，细化培训专业，规范培训实施，加快培养现代农业发展急需的专业化、技能型经营服务人才。二是继续对有一定产业基础、文化水平较高、有创业愿望的农民开展系统的创业培训，增强农民的创业意识、提高农民的创业能力，促进农业的规模化生产和产业化经营。三是组织实施农民科学素质行动，依靠专家和科技人员力量，深入基层，开展形式多样的农民培训和科普活动。四是继续开展农村实用人才带头人和大学生村官示范培训。依托 11 个农村实用人才培训基地举办 50 期培训班，通过学习培训、参观考察、经验交流、创业扶持等方式，培训 5 000 名农村基层组织负责人、农民专业合作组织负责人和大学生村官。五是实施现代农业人才支撑计划，遴选农村生产能手、龙头企业和农民专业合作组织负责人、农产品经纪人，通过学习培训、研讨交流、参观考察、观摩展示等方式，提高他们带头致富和带领农民群众共同致富的能力。

（十四）改善农村金融服务政策

改善农村金融服务事关农业农村经济社会可持续发展。一是健全引导信贷资金和社会资金投向农业农村的激励机制。今年将继续加大对涉农金融机构和业务的财税、货币等政策支持力度，通过税收优惠、费用补贴、增量奖励等政策，引导更多信贷资金投向"三农"。进一步完善对金融机构支持"三农"的管理机制和考核办法，以鼓励金融机构发放农业农村贷款，特别是农业开发和农村基础设施建设中长期贷款，逐步增加涉农贷款比重。二是推动新型农村金融机构健康发展。新型农村金融机构包括村镇银行、贷款公司、农村资金互助社三种类型。截至 2010 年底，全国已组建的新型农村金融机构超过 400 家。实践证明，新型农村金融机构在增加农村金融机构网点、改善农村金融服务、降低农村贷款利率等方面的作用十分显著，受到农民群众的广泛欢迎。今年中央提出要继续推动新型农村金融机构健康发展，逐步增加试点数量，使更多的农民群众能够享受到金融服务。三是创新农村金融产品和服务。今年中央将加大政策力度支持发展小额贷款，鼓励金融机构开发多样化的小额信贷产品，努力满足农民的小额信贷需求。支持金融机构扩大农村青年创业小额贷款业务，鼓励农民自主创业，发展现代农业和农村二三产业。积极引导农民开展农村信用合作，通过农村资金内部循环来解决农民贷款问题。

（十五）完善农业保险政策

自 2007 年国家开展农业保险保费补贴试点以来，农业保险的投入不断加大、品种不断增加、范围不断扩大，为有效化解农业灾害风险发挥了积极作用。今年中央提出要加快发展农业保险，完善现行农业保险政策。

一是积极扩大农业保险保费补贴的品种和范围。开展试点以来，实行农业保险保费补贴的省份已达 24 个，补贴品种包括玉米、水稻、小麦、棉花等大宗农作物，大豆、花生、油菜等油料作物，能繁母猪、奶牛、育肥猪等重要畜产品，以及马铃薯、青稞、藏羚羊、牦牛、天然橡胶、森林等。今后，将继续完善农业保费补贴政策，加大保费补贴支持力度，增加农业保险试点品种，扩大农业保险覆盖面，使更多的农民能享受到农业保险的保障。二是探索开展农机具、渔业等保险。近年来，一些地方以发展当地特色经济为重点，积极开展蔬菜、糖料、渔业等特色作物类保险；以发展现代农业为重点，积极开展农机保险；以服务"三农"为重点，积极开展农房、小额保险等涉农保险业务，受到农民普遍欢迎。中央将支持和鼓励地方继续开展这些保险业务，为农业生产和农民生活提供更有效保障。

（十六）村级公益事业一事一议财政奖补政策

村级公益事业一事一议财政奖补，是政府对村民一事一议筹资筹劳开展村级公益事业建设，通过财政奖励或补助的方式进行投入，以逐步建立筹补结合、多方投入的村级公益事业建设有效机制。一事一议财政奖补于 2008 年在 3 个省份试点，2009 年试点扩大到 17 个省份，2010 年进一步扩大到 27 个省份。财政奖补试点实施三年来，已经取得明显成效。各级财政共投入奖补资金477亿元，带动村级公益事业总投入1 800多亿元。一事一议财政奖补资金主要由中央和省级以及有条件的市、县财政安排，按照村民一事一议筹资筹劳数额的适当比例给予奖补，同时鼓励各地结合实际，将支农专项资金和一事一议财政奖补资金捆绑使用，以充分发挥财政资金投入效果。奖补范围主要包括，农民直接受益的村内小型水利设施、村内道路、环卫设施、植树造林等公益事业建设，优先解决群众最需要、见效最快的村内道路硬化、村容村貌改造等公益事业建设项目。财政奖补既可以是资金奖励，也可以是实物补助。

2011年中共中央一号文件明确提出："鼓励农民自力更生、艰苦奋斗，在统一规划基础上，按照多筹多补、多干多补原则，加大一事一议财政奖补力度，充分调动农民兴修农田水利的积极性"。2011年起，一事一议财政奖补工作将在全国所有省（区、市）展开。中央财政2011年预算安排奖补资金160亿元，部分奖补资金已拨付到地方，并将根据各地预算执行情况，按程序适当增拨奖补资金。同时努力将政府对农民筹资筹劳的奖补比例提高到50%以上，中央财政占政府奖补资金的比例提高到40%，建立一事一议财政奖补资金稳定增长机制。

（十七）扩大新型农村社会养老保险试点政策

新型农村社会养老保险（简称"新农保"）制度，是21世纪以来中央出台的又一具有制度创新意义的惠农政策。中央明确要求，到2020年基本实现对农村适龄居民全覆盖的目标。

新农保制度按照"保基本、广覆盖、有弹性、可持续"的原则，采取社会统筹与个人账户相结合的基本模式，个人缴费、集体补助、政府补贴相结合的筹资方式，基础养老金与个人账户养老金相结合的待遇支付方式。年满16周岁、不是在校学生、未参加城镇职工基本养老保险的农村居民均可参加新农保。年满

60周岁、符合相关条件的参保农民可领取养老金。参保人每年缴费设100~500元5个档次，地方政府可根据实际需要增设档次，由参保人根据自身情况自主选择。政府对符合领取条件的参保人全额支付基础养老金，目前国务院制定的基础养老金低限标准为每人每月55元，地方政府视财力状况可提高标准。地方政府对参保人缴费给予补贴，补贴标准为每人每年30~60元。对农村重度残疾人等困难群体，地方政府还应代其缴纳部分或全部最低标准的养老保险费。国家为每个参保人建立终身个人账户，个人缴费、集体补助、其他组织和个人对参保人缴费的资助、地方政府对参保人的缴费补贴全部记入个人账户。养老金待遇由基础养老金和个人账户养老金组成，支付终身。试点地区年满60周岁的农民，只要符合参保条件的子女参保缴费，就可以直接享受最低标准的基础养老金。

中央明确要求，有条件的地方要加快新农保试点步伐，积极引导试点地区适龄农村居民参保，确保符合规定条件的老年居民按时足额领取养老金。新农保试点在4个直辖市的大部分地区和其他省（区）的838个县开展，制度覆盖面达到24%。到2010年12月底，参保人数达到1.03亿人，其中领取养老金人数2 863万人。全年中央财政基础养老金专项补助资金110.8亿元。中央决定，2011年将新农保试点范围扩大到全国40%的县，受益农民范围将进一步扩大。

（十八）完善新型农村合作医疗制度

为进一步提高农民医疗保障水平、改善农村民生状况，党中央、国务院决定逐步提高新型农村合作医疗（简称"新农合"）筹资水平、政府补助标准和保障水平。2010年，全国新农合筹资水平由2009年的每人每年100元提高到150元，其中，中央财政对中西部地区参合农民按每人60元标准补助，对东部地区按一定比例给予补助，地方财政补助标准相应提高到60元，农民个人缴费由每人每年 20 元增加到 30 元。截至 2010 年 12 月底，全国参合人口达 8.36 亿人，当年补偿支出 1 187.84 亿元，受益人口累计 10.87 亿人次，与 2009 年相比增长了 43%。2011 年，政府对新农合补助标准由上一年每人每年 120 元提高到 200 元，政策范围内报销比例达到 70%，报销上限达到 5 万元。中央这项举措的实施，将进一步提高参合农民医疗保障水平和受益面，农村看病难、看病贵的问题将进一步缓解。

（十九）其他

1. 实施新一轮农村电网改造政策

中央决定从 2011 年起，实施新一轮农村电网改造升级工程，在"十二五"期间，使全国农村电网普遍得到改造，农村居民生活用电得到较好保障，农业生产用电问题基本解决，基本建成安全可靠、节能环保、技术先进、管理规范的新型农村电网。新一轮农村电网改造政策的主要内容：一是按照新的建设标准和要求对未改造地区的农村电网进行全面改造。二是对已进行改造但仍存在供电能力不足、供电可靠性较低问题的农村电网，实施升级改造。三是因地制宜地对粮食主产区农田灌溉、农村经济作物和农副产品加工、畜禽水产养殖等供电设施进行改造，满足农业生产用电需要。四是按照统筹城乡发展要求，在实现城乡居民用电同网同价基础上，实现城乡各类用电同网同价，进一步减轻农村用电负担。五是加大资金支持力度。中西部地区农村电网改造升级工程项目资本金主要由中央安排。继续执行每千瓦时电量加收 2 分钱的政策，专项用于农村电网建设与改造升级工程贷款的还本付息。

2. 家电下乡补贴政策

家电下乡补贴政策实施时间统一暂定为 4 年。山东、青岛、河南、四川等 4 个省（计划单列市）执行到 2011 年 11 月底，内蒙古、辽宁、大连、黑龙江、安徽、湖北、湖南、广西、重庆、陕西等10个省（自治区、直辖市和计划单列市）执行到2012年11月底，其余22个省（自治区、直辖市和计划单列市）以及新疆生产建设兵团执行到2013年1月底。目前，家电下乡补贴产品共包括彩电、冰箱（含冰柜）、洗衣机、手机、电脑、热水器、空调、微波炉、电磁炉9大类。具体补贴标准是：彩电每台最高限价7 000元，3 500元（含）以下按销售价格的13%补贴，3 500～7 000元每台按455元定额补贴。冰箱（含冰柜）每台最高限价4 000元，2 500元（含）以下按销售价格的13%补贴，2 500～4 000元每台按325元定额补贴。手机每台最高限价2 000元，1 000元（含）以下按销售价格的13%补贴，1 000～2 000元每台按130元定额补贴。洗衣机每台最高限价3 500元，2 000元（含）以下按销售价格的13%补贴，2 000～3 500元每台按260元定额补贴。空调中，壁挂式空调每台最高限价3 500元，2 500元（含）以下按销售价格的13%补贴，2 500～3 500元每台按325元定额补贴；落地式空调每台最高限价6 000元，4 000元（含）以下按销售价格的13%补贴，4 000～6 000元每台按520元定额补贴。电脑每台最高限价5 000元，3 500元（含）以下按销售价格的13%补贴，3 500～5 000元每台按455元定额补贴。热水器中，太阳能热水器每台最高限价5 000元，4 000元（含）以下按销售价格的13%补贴，4 000～5 000元每台按520元定额补贴；储水式热水器每台最高限价2 500元，1 500元（含）以下按销售价格的13%补贴，1 500～2 500元每台按195元定额补贴；燃气热水器每台最高限价3 500元，2 500元（含）以下按销售价格的13%补贴，2 500～3 500元每台按325元定额补贴。电磁炉每台最高限价1 000元，600元（含）以下按销售价格的13%补贴，600～1 000元每台按78元定额补贴。微波炉每台最高限价1 500元，1 000元（含）以下按销售价格的13%补贴，1 000～1 500元每台按130元定额补贴。在上述9类产品之外，各省（区、市）可根据本地农民需求选择一个新增品种纳入家电下乡政策实施范围，按销售价格的 13% 给予财政补贴，最高补贴限额由各省（区、市）确定。

享受补贴的每类家电下乡产品每户农民限购 2 台（件）。补贴资金由中央财政和省级财政共同负担，其中，中央财政负担 80%，省级财政负担 20%。对新疆、内蒙古、宁夏、西藏、广西等 5 个少数民族自治区及"5·12"汶川地震 51 个重灾县，补贴资金全部由中央财政承担。国有农场、林场职工享受家电下乡补贴政策。

3. 农村农垦危房改造政策

为解决好农村困难群众基本住房安全问题，2008—2010 年，中央逐步扩大农村危房改造试点范围，增加危房改造任务，加大资金投入。中央财政三年共安排 117 亿元补助资金，帮助试点地区完成约 204 万农村贫困户的危房改造。农村危房改造试点补助标准为户均 6 000 元，在此基础上，对陆地边境县边境一线贫困农户、东北、西北、华北等"三北"地区和西藏自治区试点范围内建筑节能示范户每户再增加 2 000 元补助。同时，中西部省（自治区、直辖市）在确保完成危房改造任务的前提下，要依据农村危房改造方式、建设标准、成本需求和补助对象自筹资金能力等不同情况，合理确定不同地区、不同类型、不同档次的省级分类补助标准，切实做好扩大农村危房改造试点工作。今年将加大农村危房改造力度，拟安排 150 万户以上。中央财政已于近期下拨了今年第一批扩大农村危房改造试点补助资金 100 亿元，并明确今年将中西部地区所有县（市、区、旗）全部纳入试点范围。

为解决农垦职工群众住房困难，2008 年第四季度国家启动了黑龙江等 6 垦区危房改造项目，其中东部垦区每户中央补助 6 500 元，中部垦区每户中央补助 7 500 元，西部垦区每户中央补助9 000元，截至2010年底，累计安排中央投资33.5亿元，改造危房43.8万户。2011年国家开始在全国农垦大规模实施危房改造，将安排中央投资34亿元，支持24个省（区、市）的垦区实施农垦危房改造项目。

第五章 农村服务社会化政策法规

第一节 农业社会化服务的形式、内容和原则

一、农业社会化服务的形式

农业社会化服务是专业经济技术部门、乡村合作经济组织和社会其他方面为农、林、牧、副、渔各业发展所提供的服务。近年来，农业社会化服务在全国范围内蓬勃兴起，逐步形成了以下五种社会化服务形式：一是村级集体经济组织开展的以统一机耕、排灌、植保、收割、运输等为主要内容的服务；二是乡级农技站、农机站、水利（水保）站、林业站、畜牧兽医站、水产站、经营管理站和气象服务网等提供的以良种供应、技术推广、气象信息和科学管理为重点的服务；三是供销合作社和商业、物资、外贸、金融等部门开展的以供应生产生活资料，收购、加工、运销、出口产品，以及筹资、保险为重点的服务；四是科研、教育单位深入农村，开展技术咨询指导、人员培训、集团承包为重点的服务；五是农民专业技术协会、专业合作社和专业户开展的专项服务。

二、农业社会化服务的内容

一是供应服务。主要是化肥、种子、农药的供应，资金的供应，农机配件和农电的供应等。二是销售服务。农民最担心的是生产的产品卖不掉，投入的劳动、生产资料、资金收不回来，没

法继续生产，要求解决卖难问题。三是加工服务。主要是畜禽饲料加工，农产品的初级加工、保鲜加工。四是储运设施服务。主要是修筑道路，开通航道，组织好农产品运输。五是科技服务。包括水利、农机、畜牧兽医、作物栽培、良种繁育、植物保护，以及发展乡镇工业所需要的技术指导，重点是技术培训、技术咨询、技术承包。六是信息服务。主要农户家庭经营中所需的产品供求信息、价格信息等。七是法律服务。主要是法律咨询、契约公证、合同仲裁和提供诉讼方便，保持农民的合法权益。八是经营决策服务。包括生产计划的安排，项目选定，产品的销向和经营方面的意见、建议等。九是生活方面的服务。包括乡村生产环境的治理、保护、文化设施建设，生活用品的采购等方面。十是社会保障服务。包括合作医疗、财产和人身保险等方面。

三、农业社会化服务的原则

（一）自愿原则

服务组织要根据农民的需要开展服务，通过提高服务质量和服务效益吸引农民，不要代替农户做那些农户自己可以干的事情，或者暂时不愿接受的事情。

（二）量力而行原则

不要操之过急，不要强求一律，根据不同地区的实际情况，因地制宜，积极稳步发展。

（三）有偿服务原则

不以盈利为目的，根据保本微利的要求，合理收取服务费用。对于国家和集体经济组织对农民的扶持，以及协调组织方面的工作，实行无偿服务。

第二节　加强基层农业技术推广体系建设

一、基层农业技术推广体系的概念

基层农业技术推广体系是设立在县乡两级为农民提供种植业、畜牧业、渔业、林业、农业机械、水利等科研成果和实用技术服务的组织。长期以来，基层农业技术推广体系在推广先进适用农业新技术和新品种、防治动植物病虫害、搞好农田水利建设、提高农民素质等方面发挥了重要作用。

二、改革和加强基层农业技术推广体系建设的主要内容

（一）明确公益性职能

基层农业技术推广机构承担的公益性职能主要有：参与制定本区域农业技术推广计划并组织实施；关键技术和新品种、新装备的引进、试验、示范及适用技术的组装集成与推广；农产品生产过程中的质量安全检测、监测与强制性检验；农作物和林木病虫害、动物疫病及农业灾害的监测、预报、防治和处置；农业资源、森林资源、农业生态环境和农业投入品使用监测；水资源管理、农田水利工程技术管理和防汛抗旱技术服务；农业公共信息和培训教育服务等。

（二）合理设置机构

县级农业技术推广机构按行业设置。产业特色突出的县（市、区）也可以因地制宜设置农业技术推广机构。县级农业技术推广机构按照县域农业产业特色向乡镇派出专业技术人员，直接面向农民开展技术服务。县级农业行政主管部门负责解决仪器设备、交通工具、办公和试验示范场所，为派到一线的农业技术推广人员创造良好的工作条件和生活条件。农村经营管理系统不

再列入农业技术推广体系，其承担的农村土地承包管理、农民负担监督管理、农村集体资产财务管理和农村审计监督等行政管理职能列入政府职责。

（三）理顺管理体制

县级以上农业、林业、水利、畜牧、农机、渔业行政主管部门要按照各自职责，加强对基层农业技术推广体系的管理和指导。县级派出的技术人员的考评和晋升要充分听取所服务区域乡镇政府的意见；乡镇农业技术推广机构人员的考评、调配和晋升要充分听取县级业务主管部门的意见。

（四）科学核定人员编制

县级农业技术推广机构所需编制由各县（市、区）政府根据公益性职能和任务，参照有关基层公益性农业技术推广机构人员编制参考标准，结合本地实际，科学测算、合理确定，按程序审批。县、乡镇两级农业技术推广机构中专业技术人员比例不低于80%，并注意保持各种专业技术人员的合理比例。公益性农业技术推广机构人员编制不得与经营性服务人员混岗混编。

（五）创新人事管理制度

全面实行以人员聘用制和岗位管理制为核心的用人制度，根据按需设岗、竞争上岗、按岗聘用的原则，确定具体岗位，明确岗位等级，聘用工作人员，签订聘用合同。要坚持公开、公正、公平的原则，实行公开招聘、竞聘上岗、择优聘用。参加竞聘上岗的人员要具备竞聘岗位相应专业学历或取得国家相应职业资格证书。同等条件下可优先聘用原农业技术推广机构中的工作人员，聘期一般为3年。完善技术职称评聘制度，对长期在一线工作且实绩突出的农业技术推广人员优先评聘。改革分配制度，将农业技术推广人员的收入与岗位职责、工作业绩挂钩，落实对县以下农业技术推广人员的工资待遇倾斜政策。

（六）创新农业技术推广方式

立足当地农业生产需求，遴选主导品种和主推技术，组装集成配套技术，搞好技术培训。大力实施农业科技入户工程，实行基层农业技术推广人员包村联户制度，逐步形成农业技术推广人员抓科技示范户、科技示范户带动普通农户的科技入户机制。利用农业技术推广服务信息化网络和服务热线，推进农业技术推广现代化、信息化远程服务，及时为农民解惑答疑；利用农业科技示范场（基地、户），搞好新技术、新品种的展示示范；利用科技大集、科技下乡、科技流动服务车等，开展形式多样、内容丰富的农业技术推广活动。加强与农业科研单位和大专院校的合作，依托其技术和人才优势，解决农业技术推广工作中遇到的技术难题，提高农业科技成果转化率。

三、强化基层农业技术推广体系建设的措施

（一）保证履行公益性职能所需资金

各级财政应增加对基层公益性农业技术推广机构的财政投入，将人员工资、社会保险等人员经费以及履行职能所需的工作经费纳入财政预算，实行全额预算管理，并随财政收入的增长而相应增加。对乡镇农业技术推广部门承担的森林资源管护、林政执法等公益性职能所需经费也要纳入省辖市、县（市、区）财政预算。各级财政要设立重大农业技术推广、农业技术推广人员知识更新培训、农民技能培训、动植物疫情、农情监控及渔业、森林资源管护等专项资金，确保基层农业技术推广机构依法开展工作。

（二）改善推广条件

省级农业部门负责制定基层农业技术推广机构建设标准。各级财政和发展改革部门要在充分整合利用现有资产设施的基础上，按照填平补齐的原则，加强基础设施建设，改善技术装备和

推广手段，保证履行公益性职能所必需的基础条件。省级财政设立基层农业技术推广机构设施设备购置专项补助资金，市、县级财政部门也要安排相应经费。

（三）提高队伍素质

各级农业、林业、水利、畜牧、农机、渔业行政主管部门要适应科技进步、产业发展和农民需求的变化，制定基层农业技术推广人员培训规划，搞好农业技术推广人员的岗位培训和素质提升教育培训，提高其服务能力。要把农业技术推广人员参加继续教育学习的成果作为考核晋升的重要依据。基层农业技术推广服务人员在聘任期内必须接受新知识、新技术脱产培训，3 年轮训一遍，不断提高基层农业技术推广人员的业务素质和服务能力。

（四）完善配套措施

对农业科技成果转化推广类项目可实行招投标制，鼓励各类农业技术推广组织、人员和有关企业公平参与投标。进一步改进省科学技术进步奖的评审办法，对在农业技术推广工作中做出突出贡献的农业科技人员要加大奖励力度。鼓励农业技术推广人员自主创业，对他们创建经营性技术服务实体可以优惠使用原乡镇推广机构闲置的经营场地，并享受现行政策规定的有关税收优惠。

（五）妥善分流和安置富余人员

各级政府要制定具体的政策措施，在鼓励和支持富余人员自主创业的同时，积极探索多种分流和安置渠道，帮助他们重新就业，使基层农业技术推广人员充分理解改革、积极参与改革。凡与原农业技术推广机构建立聘用合同、劳动合同关系的，依法做好合同的变更、解除、终止等工作，符合条件的要依照国家有关规定支付经济补偿金，并纳入当地社会保障体系，及时办理社会保险关系转移等手续，做好各项社会保险的衔接工作。

第三节　动物疫病防控体系建设

一、动物疫病防控体系的任务

坚持"预防为主、防控结合"的方针，以控制重大动物疫病、保障公共卫生安全为目标，以深化体制机制改革为动力，以建立完善兽医行政管理、执法监督和技术支持体系为依托，以构建公共财政保障机制、强化基层动物防疫队伍建设为重点，不断提高重大动物疫情的预警预报、预防控制、应急反应、可追溯管理、依法监管水平，建立起与现代畜牧业发展相适应的布局合理、层次分明、功能完善、相互配套、运转高效的动物防疫体系，实现动物防疫的科学化、法制化、规范化和现代化。

二、动物疫病防控体系的内容

根据《关于推进兽医管理体制改革的若干意见》，动物疫病防控体系建设的内容主要包括四个方面：一是深化兽医管理体制改革，建立健全科学防控动物疫病的组织保障体系；二是加强动物防疫基础设施建设，建立健全科学防控动物疫病的技术支持体系；三是推进动物标识及疫病可追溯体系建设，建立健全科学防控动物疫病的追溯体系，重点加强规模养殖场标识及追溯体系建设；四是加强动物卫生监督执法工作，建立健全科学防控动物疫病的监督执法体系。

重点加强基层防检疫基础设施建设，强化基层动物疫病防控能力，主要建设区域性防检疫中心站；进一步完善省、市、县三级动物疫病预防控制中心和疫病监测网络、动物卫生监督所和检疫网点、重大动物疫情应急指挥中心和应急物资储备库；改造完善畜禽规模养殖场和畜产品加工企业的动物防疫条件；围绕优势集聚区和产业化龙头企业，加强种畜禽场的疫病净化，加快建设无规定动物疫病区。

三、动物疫病区域化管理模式与建设

动物疫病区域化管理，是指通过天然屏障或人工措施，划定某一特定区域，该区域可以是某省的一部分或全部区域，或者是跨省的连片区域，或者是大型企业在统一生物安全管理体系下建立的生物安全隔笑　域，采取免疫、检疫、监测、动物及其产品流通控制等综合措施，对一种或几种特定动物疫病进行持续控制和扑灭，最终实现免疫无疫或非免疫无疫状态。目前世界动物卫生组织提出的动物疫病区域化管理模式主要有区域区划和生物安全隔离区划两种模式。

（一）实施区域化管理的基本条件

各地选择基础条件较好的区域，按照《无规定动物疫病区管理技术规范》等要求，选择符合下列条件的区域开展无疫区建设：一是动物疫病状况清楚。通过流行病学调查结果，区域内畜牧业养殖、区域地理和社会经济情况，以及特定动物疫病状况及其发生风险清晰。二是具有一定的畜牧业基础。动物疫病区划建设区域，畜牧业较发达、产业布局合理、规模化产业化水平较高。三是有较好的动物防疫工作基础。动物防疫基础设施较好，动物防疫机构和队伍较健全，动物防疫体系完善。四是具有一定自然屏障或者可监控措施。区域周围具备海洋、沙漠、河流、山脉等自然屏障基础，或考虑结合行政区划，具有设置和维护缓冲区或监测区等监管措施。

（二）区域化管理的动物疫病种类

根据当地防控工作实际，科学选择控制动物疫病种类。优先选择当地影响畜牧业发展、公共卫生安全及畜牧业贸易的重大动物疫病实施区域化管理。实施区域化管理的动物疫病种类不宜过

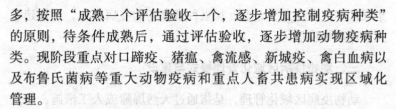

多，按照"成熟一个评估验收一个，逐步增加控制疫病种类"的原则，待条件成熟后，通过评估验收，逐步增加动物疫病种类。现阶段重点对口蹄疫、猪瘟、禽流感、新城疫、禽白血病以及布鲁氏菌病等重大动物疫病和重点人畜共患病实现区域化管理。

（三）区域化管理的模式及要求

根据各地经济发展水平、地理屏障、区域和资源优势、畜牧产业布局，选择适合当地的动物疫病区域化管理模式。一是动物疫病区域区划模式。区域具有一定规模，集中连片，区域与相邻地区间必须有足以阻止疫病传播的地理屏障或人工屏障，对缺少有效屏障的区域，应建立足够面积的缓冲区和（或）监测区；当地经济发展水平能满足动物疫病区域化管理工作需要。区域可以是一个省的部分或全部，也可以是毗邻省的连片区域。二是生物安全隔离区划模式。可选择大型国家级种畜禽场、国家级畜禽遗传资源保种场、国家农业产业化龙头企业，开展生物安全隔离区示范区建设。相关企业应为独立法人实体，生物安全隔笑 的各生产单位应具有共同的拥有者或管理者，并建立统一的生物安全管理体系，其组成应包括种畜禽场、商品畜禽养殖场、屠宰加工厂、饲料厂、无害化处理场等。有关生产单位应符合规定的动物防疫条件，取得《动物防疫条件合格证》，种畜禽繁育场还应取得《种畜禽生产经营许可证》。当地畜牧兽医部门应对生物安全隔笑 实施官方有效监管。

根据采取的不同免疫措施，无疫区可分为两种类型。一是免疫无疫区。各省根据当地与毗邻地区动物疫病流行状况、贸易需求实施免疫政策的区域化管理。二是非免疫无疫区。对区域内易感动物不实施规定动物疫病的免疫。具体分为口蹄疫、禽流感、猪瘟、新城疫等重大动物疫病和布病等重点人畜共患病的免疫无疫区和非免疫无疫区，以及无特定动物疫病的生物安全隔笑 。

第四节 农村小额贷款业务制度

2007 年 8 月 6 日银监会发布《关于大力发展农村小额贷款业务的意见》，对银行业金融机构大力发展农村小额贷款业务制度相关内容进行了调整和完善，主要有 10 个方面。

一、放宽小额贷款对象

进一步拓宽小额贷款投放的广度，在支持家庭传统耕作农户和养殖户的基础上，将服务对象扩大到农村多种经营户、个体工商户以及农村各类微小企业，具体包括种养大户、订单农业户、进城务工经商户、小型加工户、运输户、农产品流通户和其他与"三农"有关的城乡个体经营户。

二、拓展小额贷款用途

根据当地农村经济发展情况，拓宽农村小额贷款用途，既要支持传统农业，也要支持现代农业；既要支持单一农业，也要支持有利于提高农民收入的各产业；既要满足农业生产费用融资需求，也要满足农产品生产、加工、运输、流通等各个环节融资需求；既要满足农民简单日常消费需求，也要满足农民购置高档耐用消费品、建房或购房、治病、子女上学等各种合理消费需求；既要满足农民在本土的生产贷款需求，也要满足农民外出务工、自主创业、职业技术培训等创业贷款需求。

三、提高小额贷款额度

根据当地农村经济发展水平以及借款人生产经营状况、偿债能力、收入水平和信用状况，因地制宜地确定农村小额贷款额度。原则上，对农村小额信用贷款额度，发达地区可提高到 10

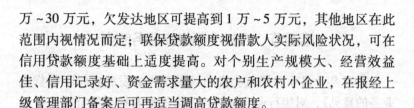

万~30万元，欠发达地区可提高到1万~5万元，其他地区在此范围内视情况而定；联保贷款额度视借款人实际风险状况，可在信用贷款额度基础上适度提高。对个别生产规模大、经营效益佳、信用记录好、资金需求量大的农户和农村小企业，在报经上级管理部门备案后可再适当调高贷款额度。

四、合理确定小额贷款期限

根据当地农业生产的季节特点、贷款项目生产周期和综合还款能力等，灵活确定小额贷款期限。禁止人为缩短贷款期限，坚决打破"春放秋收冬不贷"和不科学的贷款不跨年的传统做法。允许传统农业生产的小额贷款跨年度使用，要充分考虑借款人的实际需要和灾害等带来的客观影响，个别贷款期限可视情况延长。对用于温室种养、林果种植、茶园改造、特种水产（畜）养殖等生产经营周期较长或灾害修复期较长的贷款，期限可延长至3年。消费贷款的期限可根据消费种类、借款人综合还款能力、贷款风险等因素由借贷双方协商确定。对确因自然灾害和疫病等不可抗力导致贷款到期无法偿还的，在风险可控的前提下可予以合理展期。

五、科学确定小额贷款利率

实行贷款利率定价分级授权制度，法人机构应对分支机构贷款权限和利率浮动范围一并授权。分支机构应在法规和政策允许范围内，根据贷款利率授权，综合考虑借款人信用等级、贷款金额、贷款期限、资金及管理成本、风险水平、资本回报要求以及当地市场利率水平等因素，在浮动区间内进行转授权或自主确定贷款利率。

六、简化小额贷款手续

在确保法律要素齐全的前提下，坚持便民利民原则，尽量简化贷款手续，缩短贷款审查时间。全面推广使用贷款证，对已获得贷款证的农户和农村小企业，凭贷款证和有效身份证件即可办理贷款手续。增加贷款申请受理的渠道，在营业网点设立农村小额贷款办理专柜或兼柜，开辟农村小额贷款绿色通道，方便农户和农村小企业申请贷款。协调有关部门，把农户贷款与银行卡功能有机结合起来，根据条件逐步把借记卡升级为贷记卡，在授信额度内采取"一次授信、分次使用、循环放贷"的方式，进一步提高贷款便利程度。

七、强化动态授信管理

根据信用贷款和联保贷款的特点，按照"先评级—后授信—再用信"的程序，建立农村小额贷款授信管理制度以及操作流程。综合考察影响农户和农村小企业还款能力、还款意愿、信用记录等各种因素，及时评定申请人的信用等级，核发贷款证，实行公开授信。对农村小企业及其关联企业、农业合作经济组织等，以法人机构或授权的分支机构为单位，推行内部统一授信，同时注重信息工作，注意发挥外部评级机构的作用，防范客户交叉违约风险。对小额贷款客户资信状况和信用额度实行按年考核、动态管理，适时调整客户的信用等级和授信额度，彻底纠正授信管理机制僵化、客户信用等级管理滞后的问题。

八、改进小额贷款服务方式

进一步转变工作作风，加强贷款营销，及时了解和满足农民资金需求，坚决改变等客上门的做法。要细分客户群体，对重点客户和优质客户，推行"一站式"服务，并在信贷审批、利率标准、信用额度、信贷种类等方面提供方便和优惠。尽量缩短贷款办理时间，原则上农户老客户小额贷款应在一天内办结，新客户小额贷款应在一周内办结，农村小企业贷款应在一周内办结，个别新企业也应在两周内告知结果。灵活还款方式，根据客户还款能力可采取按周、按月、按季等额或不等额分期还本付息等方式。对个别地域面积大、居住人口少的村镇，可通过流动服务等方式由客户经理上门服务。提高农村小额贷款透明度，公开授信标准、贷款条件和贷款发放程序，定期公布农村小额贷款授信和履约还款等情况。

九、完善小额贷款激励约束机制

按照权、责、利相结合的原则，建立和完善农村小额贷款绩效评估机制，逐步建立起"定期检查，按季通报，年终总评，奖罚兑现"的考核体系。实行农村小额贷款与客户经理"三包一挂"制度，即包发放、包管理、包收回，绩效工资与相关信贷资产的质量、数量挂钩。建立科学、合理、规范的贷款管理责任考核制度，进一步明确客户经理和有关人员的责任。加强对农村小额贷款发放和管理各环节的尽职评价，对违反规定办理贷款的，严格追究责任；对尽职无错或非人为过错的，应减轻或免除相关责任；对所贷款项经常出现风险的要适时调整工作人员岗位，或视情况加强有针对性培训。

十、培育农村信用文化

加快农村征信体系建设，依托全国集中统一的企业和个人信用信息基础数据库，尽快规范和完善农户和农村小企业信用档案。对信用户的贷款需求，应在同等条件下实行贷款优先、利率优惠、额度放宽、手续简化的正向激励机制。结合信用村镇创建工作，加大宣传力度，为农村小额贷款业务的健康发展营造良好的信用环境。

第五节　培育现代农业经营主体

中共中央国务院《关于积极发展现代农业扎实推进社会主义新农村建设的若干意见》（2007年一号文件）明确提出了培育现代农业经营主体的任务。

一、现代农业经营主体的概念

农业经营主体是指直接或间接从事农产品生产、加工、销售和服务的任何个人和组织。随着中国农业农村经济的不断发展，以农业专业大户、农民专业合作社和农业企业为代表的新型农业经营主体日益显示出发展生机与潜力，已成为中国现代农业发展的核心主体。

二、工作重点

（一）培育壮大农业龙头企业，提高农产品加工增值能力

引导企业通过兼并、收购、上市等，实施跨地区、跨行业、跨所有制经营，不断扩大经营规模。鼓励企业通过技术创新、产品创新、管理创新、制度创新，大力发展农产品分级、包装、保鲜以及精深加工等，不断提高加工增值能力和市场竞争能力。引进国外资本、工商资本等投资农产品加工业，不断优化农业企业结构。充分发挥农业龙头企业家协会的作用，加大农业龙头企业经营管理者的培养和管理，不断提高农业企业家经营管理能力。

（二）发展规范农民专业合作社，提高农民组织化程度

鼓励农业专业大户、农技部门、供销社、农业企业等牵头组建农民专业合作社，不断提高农户覆盖面和产业覆盖面。以规范农民专业合作社的运行方式和经营机制为核心，把合作社建设成为产权清晰、机制灵活、运行规范、管理民主、带动明显的市场主体。支持同行业农民专业合作社开展联合和重组，着力培育一批"龙头型"专业合作社，进一步提高农民专业合作社的带动能力。

（三）培养造就新型职业农民，提高从业者科技文化素质

立足提升传统农民、转化返乡农民、引入新型农民，着力培养有文化、善经营、会管理的新型职业农民。鼓励引导大学生、外出务工农民、个体工商户、农村经纪人等从事农业开发，投资创办家庭农场。深入实施农民教育培训工程，加强对专业种养大户、营销大户的培训，着力提升农业经营大户的科技文化素质。

三、主要措施

（一）加强农业基础建设

大力开展以农田水利、耕地质量、物质装备、资源环境为主的农业基础设施建设。

（二）加快推进土地流转

建立健全土地流转服务体系和政策支持体系，促进土地承包经营权规范有序流转。全面建立县区土地流转指导中心、土地承包纠纷仲裁机构和乡镇土地流转服务中心、村级服务站，按照依法、自愿、有偿的原则，促进土地向农业龙头企业、农民专业合作社、规模经营大户等农业经营主体集中。

（三）大力推进结构优化

深入推进农业结构战略性调整，着力培育一批布局区域化、生产专业化、经营集约化、产业特色化、营销品牌化的特色农产品规模基地，为农业经营主体的加快发展打下扎实的产业基础。

（四）创新科技推广体系

坚持产学研结合，全面深化与高校院所的合作，加快推进农业高科技园区建设，不断提高科技自主创新能力。深化农技推广

体系、动植物防疫体系和农产品质量监管体系改革，完善责任农技推广制度，鼓励支持农业企业、专业合作组织和民营农业科研推广机构开展技术开发与推广服务，逐步建立覆盖全程、综合配套、便捷高效的农业社会化服务体系。加快农业标准化建设和质量认证，建立全市综合性农产品区域检测中心。强化农业经营主体培训，有针对性地选送农业龙头企业、农民专业合作社的经营管理人员、种养大户、营销大户到高校进修。

（五）加强营销平台建设

加强农产品营销市场体系建设，坚持有形与无形相结合，加强农产品批发市场、产地专业市场建设，进一步提高农产品知名度和市场占有率。重点扶持县以上农产品批发市场、展示展销中心建设和营销大户发展。实施农产品运输绿色通道政策，对运输鲜活农产品的车辆，一律免收运输车辆通行费。

（六）加大财政扶持力度

加大对培育现代农业经营主体的政策扶持，建立财政支农投入逐年增长机制，切实加大财政对培育现代农业经营主体的投入。

第六章 农村土地承包政策法规

第一节 农村土地承包的原则和程序

一、农村土地承包的原则

农村土地承包法用法律的形式对土地承包中涉及的重要问题作出规定，进一步稳定党在农村的土地承包政策，对于保障亿万农民的根本权益，促进农业发展，保持农村稳定，具有深远意义。按照《中华人民共和国农村土地承包法》（以下简称《土地承包法》）规定，农村土地承包基本原则有：

一是国家实行农村土地承包经营制度。农村土地承包采取农村集体经济组织内部的家庭承包方式，不宜采取家庭承包方式的荒山、荒沟、荒丘、荒滩等农村土地，可以采取招标、拍卖、公开协商等方式承包。

二是国家依法保护农村土地承包关系的长期稳定。农村土地承包后，土地的所有权性质不变。承包地不得买卖。

三是农村集体经济组织成员有权依法承包由本集体经济组织发包的农村土地。任何组织和个人不得剥夺和非法限制农村集体经济组织成员承包土地的权利。

四是农村土地承包，妇女与男子享有平等的权利。承包中应当保护妇女的合法权益，任何组织和个人不得剥夺、侵害妇女应当享有的土地承包经营权。

五是农村土地承包应当坚持公开、公平、公正的原则，正确处理国家、集体、个人三者的利益关系。

六是农村土地承包应当遵守法律、法规，保护土地资源的合理开发和可持续利用。未经依法批准不得将承包地用于非农建设。国家鼓励农民和农村集体经济组织增加对土地的投入，培肥地力，提高农业生产能力。

七是国家保护集体土地所有者的合法权益，保护承包方的土地承包经营权，任何组织和个人不得侵犯。

八是国家保护承包方依法、自愿、有偿地进行土地承包经营权流转。

二、土地承包的程序

本集体经济组织成员的村民会议选举产生承包工作小组；承包工作小组依照法律、法规的规定拟订并公布承包方案；依法召开本集体经济组织成员的村民会议，讨论通过承包方案；公开组织实施承包方案；签订承包合同。

三、承包期限和承包合同

（一）承包期限

耕地的承包期为 30 年。草地的承包期为 30～50 年。林地的承包期为 30～70 年；特殊林木的林地承包期，经国务院林业行政主管部门批准可以延长。

（二）承包合同

承包合同一般包括以下条款：发包方、承包方的名称，发包方负责人和承包方代表的姓名、住所；承包土地的名称、坐落、面积、质量等级；承包期限和起止日期；承包土地的用途；发包方和承包方的权利和义务；违约责任。

承包合同中违背承包方意愿或者违反法律、行政法规有关不得收回、调整承包地等强制性规定的约定无效。当事人一方不履行合同义务或者履行义务不符合约定的，应当依照《中华人民共和国合同法》（以下简称《合同法》）的规定承担违约责任。

承包合同自成立之日起生效。承包方自承包合同生效时取得土地承包经营权。县级以上地方人民政府应当向承包方颁发土地承包经营权证或者林权证等证书，并登记造册，确认土地承包经营权。颁发土地承包经营权证或者林权证等证书，除按规定收取证书工本费外，不得收取其他费用。

承包合同生效后，发包方不得因承办人或者负责人的变动而变更或者解除，也不得因集体经济组织的分立或者合并而变更或者解除。国家机关及其工作人员不得利用职权干涉农村土地承包或者变更、解除承包合同。

四、土地承包经营权的保护

承包期内，承包方全家迁入小城镇落户的，应当按照承包方的意愿，保留其土地承包经营权或者允许其依法进行土地承包经营权流转。

承包期内，承包方全家迁入设区的市，转为非农业户口的，应当将承包的耕地和草地交回发包方。承包方不交回的，发包方可以收回承包的耕地和草地。

承包期内，承包方交回承包地或者发包方依法收回承包地时，承包方对其在承包地上投入而提高土地生产能力的，有权获得相应的补偿。

承包期内，因自然灾害严重毁损承包地等特殊情形对个别农户之间承包的耕地和草地需要适当调整的，必须经本集体经济组织成员的村民会议 2/3 以上成员或者 2/3 以上村民代表的同意，并报乡（镇）人民政府和县级人民政府农业等行政主管部门批准。承包合同中约定不得调整的，执行其约定。

承包期内，妇女结婚，在新居住地未取得承包地的，发包方不得收回其原承包地；妇女离婚或者丧偶，仍在原居住地生活或者不在原居住地生活但在新居住地未取得承包地的，发包方不得收回其原承包地。

承包人应得的承包收益，依照继承法的规定继承。林地承包的承包人死亡，其继承人可以在承包期内继续承包。

任何组织和个人侵害承包方的土地承包经营权的，应当承担民事责任。

发包方有下列行为之一的，应当承担停止侵害、返还原物、恢复原状、排除妨害、消除危险、赔偿损失等民事责任：干涉承包方依法享有的生产经营自主权；违反本法规定收回、调整承包地；强迫或者阻碍承包方进行土地承包经营权流转；假借少数服从多数强迫承包方放弃或者变更土地承包经营权而进行土地承包经营权流转；以划分"口粮田"和"责任田"等为由收回承包地搞招标承包；将承包地收回抵顶欠款；剥夺、侵害妇女依法享有的土地承包经营权；其他侵害土地承包经营权的行为。

第二节　土地发包方和承包方的权利和义务

农民集体所有的土地依法属于村农民集体所有的，由村集体经济组织或者村民委员会发包；已经分别属于村内两个以上农村集体经济组织的农民集体所有的，由村内各该农村集体经济组织或者村民小组发包。村集体经济组织或者村民委员会发包的，不得改变村内各集体经济组织农民集体所有的土地的所有权。

一、土地发包方的权利和义务

（一）土地发包方的权利

发包本集体所有的或者国家所有依法由本集体使用的农村土地；监督承包方依照承包合同约定的用途合理利用和保护土地；

制止承包方损害承包地和农业资源的行为；法律、行政法规规定的其他权利。

（二）土地发包方的义务

维护承包方的土地承包经营权，不得非法变更、解除承包合同；尊重承包方的生产经营自主权，不得干涉承包方依法进行正常的生产经营活动；依照承包合同约定为承包方提供生产、技术、信息等服务；执行县、乡（镇）土地利用总体规划，组织本集体经济组织内的农业基础设施建设；法律、行政法规规定的其他义务。

二、土地承包方的权利和义务

（一）土地承包方的权利

依法享有承包地使用、收益和土地承包经营权流转的权利，有权自主组织生产经营和处置产品；承包地被依法征用、占用的，有权依法获得相应的补偿；法律、行政法规规定的其他权利。

（二）土地承包方的义务

维持土地的农业用途，不得用于非农建设；依法保护和合理利用土地，不得给土地造成永久性损害；法律、行政法规规定的其他义务。

第三节　土地承包经营权流转的原则和方式

一、农民土地承包经营权流转的原则

通过家庭承包取得的土地承包经营权可以依法采取转包、出租、互换、转让或者其他方式流转。按照《土地承包法》的规定，农民土地承包经营权流转应遵循平等协商、自愿、有偿原则。任何组织和个人不得强迫或者阻碍承包方进行土地承包经营权流转；不得改变土地所有权的性质和土地的农业用途；流转的期限不得超过承包期的剩余期限；受让方须有农业经营能力；在同等条件下，本集体经济组织成员享有优先权。

二、农村土地承包经营权流转的方式

2005年1月19日公布，自2005年3月1日起施行的《农村土地承包经营权流转管理办法》第2章第10条明确规定：农村土地承包经营权流转方式、期限和具体条件，由流转双方平等协商确定；第3章第15条又规定：承包方依法取得的农村土地承包经营权可以采取转包、出租、互换、转让或者其他符合有关法律和国家政策规定的方式流转。并对不同流转方式下的权利义务关系变化进行界定。

承包方依法采取转包、出租、入股方式将农村土地承包经营权部分或者全部流转的，承包方与发包方的承包关系不变，双方享有的权利和承担的义务不变。

同一集体经济组织的承包方之间自愿将土地承包经营权进行互换，双方对互换土地原享有的承包权利和承担的义务也相应互换，当事人可以要求办理农村土地承包经营权证变更登记手续。

承包方采取转让方式流转农村土地承包经营权的，经发包方同意后，当事人可以要求及时办理农村土地承包经营权证变更、注销或重发手续。

承包方之间可以自愿将承包土地入股发展农业合作生产，但股份合作解散时入股土地应当退回原承包农户。

通过转让、互换方式取得的土地承包经营权经依法登记获得土地承包经营权证后，可以依法采取转包、出租、互换、转让或者其他符合法律和国家政策规定的方式流转。

三、农村土地承包经营权流转合同

土地承包经营权采取转包、出租、互换、转让或者其他方式流转，当事人双方应当签订书面合同。采取转让方式流转的，应当经发包方同意；采取转包、出租、互换或者其他方式流转的，应当报发包方备案。

土地承包经营权流转合同一般包括以下条款：双方当事人的姓名、住所；流转土地的名称、坐落、面积、质量等级；流转的期限和起止日期；流转土地的用途；双方当事人的权利和义务；流转价款及支付方式；流转合同到期后地上附着物及相关设施的处理；违约责任。

第四节　承包合同纠纷的解决

一、农村土地承包经营纠纷的情形

因订立、履行、变更、解除和终止农村土地承包合同发生的纠纷；因农村土地承包经营权转包、出租、互换、转让、入股等流转发生的纠纷；因收回、调整承包地发生的纠纷；因确认农村土地承包经营权发生的纠纷；因侵害农村土地承包经营权发生的纠纷；法律、法规规定的其他农村土地承包经营纠纷。

因征收集体所有的土地及其补偿发生的纠纷，不属于农村土地承包仲裁委员会的受理范围，可以通过行政复议或者诉讼等方式解决。

二、农村土地承包经营纠纷解决的方式

（一）和解或调解

因土地承包经营发生纠纷的，双方当事人可以通过协商解

决，也可以请求村民委员会、乡（镇）人民政府等调解解决。

（二）仲裁或起诉

当事人不愿协商、调解或者协商、调解不成的，可以向农村土地承包仲裁机构申请仲裁，也可以直接向人民法院起诉。

当事人对农村土地承包仲裁机构的仲裁裁决不服的，可以在收到裁决书之日起三十日内向人民法院起诉。逾期不起诉的，裁决书即发生法律效力。

第七章　农村可持续发展政策法规

第一节　农业可持续发展的含义和要求

一、农业可持续发展的概述

（一）含义

可持续发展是指既满足当代人的需求，又不对后代人满足其需求的能力构成危害的发展。换句话说，就是指经济、社会、资源和环境保护协调发展，既要达到发展经济的目的，又要保护好人类赖以生存的大气、淡水、海洋、土地和森林等自然资源和环境，使子孙后代能够永续发展和安居乐业。

（二）农业可持续发展的提出

1972 年，联合国在瑞典斯德哥尔摩召开"人类与环境大会"，通过了著名的《人类环境宣言》。1988 年，联合国粮农组织在荷兰丹波召开国际农业与问题大会，向全球发出了《关于可持续农业和农村发展的丹波宣言和行动纲领》，提出了发展中国家实施"可持续农业和农村发展"的新战略。

（三）农业可持续发展面临的挑战

我国土地资源有限，人口数量众多。目前，农业和农业可持续发展中仍存在如下严重问题：耕地占用速度过快；农业生态环境不断恶化，水资源和耕地的污染日益加重；森林砍伐和植被破坏过速；耕作技术改变后土壤地力出现下降趋势；农业教育和农业科技的投入不足。

（四）农业可持续发展的目标

1991 年，联合国粮农组织与荷兰政府联合召开农业与环境国际会议，通过了《登博斯宣言》，对可持续农业发展提出了 3 个基本目标：第一，积极增加粮食生产，保障粮食安全；第二，促进农村综合发展，扩大农村劳动力就业机会，消除农村贫困；第三，合理利用和保护农业资源，创造良好的生态环境。

二、农业可持续发展要求

（一）加强对农业资源的依法管理和保护

采取多种形式，不断强化各级领导和广大公众的可持续发展意识，提高各级决策者依法行政水平；增强广大公众在法律、法规指导下积极开展资源开发和进行资源有效保护的自觉意识，使整个社会逐步形成依法保护农业生态资源的良好氛围。

（二）完善实现可持续发展的激励和约束机制

鼓励节水农业、设施农业、绿色食品开发、生态农业等领域的发展；严格限制资源浪费、污染严重产业的规模和布局范围；增加对可持续发展的财政税收支持，建立和健全可持续发展奖励机制，使可持续发展的奖励工作制度化、规范化。

（三）建立农业安全预警系统和信息系统

加强对土壤肥力、水土流失，环境污染和自然灾害的监测和预警，特别是重点农业区的相关监测和预警；要建立农产品市场信息系统；积极开展森林消防与森林火险、荒漠化、湿地保护、野生生物情况的监测和预警；要建立安全预警和信息系统工作的报告制度。

（四）倡导绿色文明的生活方式

倡导适度消费观念，鼓励消费者从关心和维护个人生命安全、身体健康、生态环境、人类社会的可持续发展出发，通过坚持消费符合环境标准商品的行为，通过自觉抵制对环境不良影响的娱乐活动，积极营造符合现代文明的绿色消费氛围。不断扩大和完善废旧物资回收利用系统，尽量减少一次性消费品用量，严格把自然资源的消耗控制在合理范围。

（五）加强生态文化体系建设

强化生态知识普及和教育，培养人们向往自然、回归自然朴素的审美意识。要完善立法，对破坏环境、影响生态的不良行为，以严格的法律加以禁止；要严格执法，以法律的威严矫正人们的生态陋习。

第二节　农村环境问题的主要任务

一、切实加强农村饮用水水源地环境保护和水质改善

把保障饮用水水质作为农村环境保护工作的首要任务。重点抓好农村饮用水水源的环境保护和水质监测与管理，根据农村不同的供水方式采取不同的饮用水水源保护措施。集中饮用水水源地应建立水源保护区，加强监测和监管，坚决依法取缔保护区内的排污口，禁止有毒有害物质进入保护区。要把水源保护区与各级各类自然保护区和生态功能保护区建设结合起来，明确保护目标和管理责任，切实保障农村饮水安全。加强分散供水水源周边环境保护和监测，及时掌握农村饮用水水源环境状况，防止水源污染事故发生。制定饮用水水源保护区应急预案，强化水污染事故的预防和应急处理。大力加强农村地下水资源保护工作，开展地下水污染调查和监测，开展地下水水功能区划，制定保护规划，合理开发利用地下水资源。加强农村饮用水水质卫生监测、评估，掌握水质状况，采取有效措施，保障农村生活饮用水达到卫生标准。

二、大力推进农村生活污染治理

因地制宜开展农村污水、垃圾污染治理。逐步推进县域污水和垃圾处理设施的统一规划、统一建设、统一管理。有条件的小城镇和规模较大村庄应建设污水处理设施，城市周边村镇的污水可纳入城市污水收集管网，对居住比较分散、经济条件较差村庄的生活污水，可采取分散式、低成本、易管理的方式进行处理。逐步推广户分类、村收集、乡运输、县处理的方式，提高垃圾无害化处理水平。加强粪便的无害化处理，按照国家农村户厕卫生标准，推广无害化卫生厕所。把农村污染治理和废弃物资源化利用同发展清洁能源结合起来，大力发展农村户用沼气，综合利用作物秸秆，推广"猪—沼—果"、"四位（沼气池、畜禽舍、厕所、日光温室）一体"等能源生态模式，推行秸秆机械化还田、秸秆气化、秸秆发电等措施，逐步改善农村能源结构。

三、严格控制农村地区工业污染

加强对农村工业企业的监督管理，严格执行企业污染物达标排放和污染物排放总量控制制度，防治农村地区工业污染。采取有效措施，防止城市污染向农村地区转移、污染严重的企业向西部和落后农村地区转移。严格执行国家产业政策和环保标准，淘汰污染严重和落后的生产项目、工艺、设备，防止"十五小"和"新五小"等企业在农村地区死灰复燃。

四、加强畜禽、水产养殖污染防治

大力推进健康养殖，强化养殖业污染防治。科学划定畜禽饲养区域，改变人畜混居现象，改善农民生活环境。鼓励建设生态养殖场和养殖小区，通过发展沼气、生产有机肥和无害化畜禽粪便还田等综合利用方式，重点治理规模化畜禽养殖污染，实现养殖废弃物的减量化、资源化、无害化。对不能达标排放的规模化畜禽养殖场实行限期治理等措施。开展水产养殖污染调查，根据水体承载能力，确定水产养殖方式，控制水库、湖泊网箱养殖规模。加强水产养殖污染的监管，禁止在一级饮用水水源保护区内从事网箱、围栏养殖；禁止向库区及其支流水体投放化肥和动物性饲料。

五、控制农业面源污染

在做好农业污染源普查工作的基础上，着力提高农业面源污染的监测能力。大力推广测土配方施肥技术，积极引导农民科学施肥，在粮食主产区和重点流域要尽快普及。积极引导和鼓励农民使用生物农药或高效、低毒、低残留农药，推广病虫草害综合防治、生物防治和精准施药等技术。进行种植业结构调整与布局优化，在高污染风险区优先种植需肥量低、环境效益突出的农作物。推行田间合理灌排，发展节水农业。

六、积极防治农村土壤污染

做好全国土壤污染状况调查，查清土壤污染现状，开展污染土壤修复试点，研究建立适合我国国情的土壤环境质量监管体系。加强对主要农产品产地、污灌区、工矿废弃地等区域的土壤污染监测和修复示范。积极发展生态农业、有机农业，严格控制主要粮食产地和蔬菜基地的污水灌溉，确保农产品质量安全。

七、加强农村自然生态保护

以保护和恢复生态系统功能为重点，营造人与自然和谐的农村生态环境。坚持生态保护与治理并重，加强对矿产、水力、旅游等资源开发活动的监管，努力遏制新的人为生态破坏。重视自然恢复，保护天然植被，加强村庄绿化、庭院绿化、通道绿化、农田防护林建设和林业重点工程建设。加快水土保持生态建设，严格控制土地退化和沙化。加强海洋和内陆水域生态系统的保护，逐步恢复农村地区水体的生态功能。采取有效措施，加强对外来有害入侵物种、转基因生物和病原微生物的环境安全管理，严格控制外来物种在农村的引进与推广，保护农村地区生物多样性。

第三节　发展循环农业，推动节能减排

一、发展循环农业

（一）循环农业的概念

循环农业是指运用物质循环再生原理和物质多层次利用技术，实现较少废弃物的生产和提高资源利用效率的农业生产方式。从本质上说，就是把循环经济理论和技术方法应用于农业生产，在农业生产过程和产品周期中，可持续利用农业资源，并能减少资源的投入及废物的产生和排放，最终实现农业经济效益、农业生态和农村社会发展的可持续性，是一种环境友好型农作方式，具有较好的社会效益、经济效益和生态效益。

（二）发展循环农业的主要工作

1. 抓好节约型农业技术推广

紧紧围绕增长方式转变的目标，提高资源利用和综合循环利用率，以节地、节水、节肥、节药、节种和节能为突破口，推广节约型农业技术。加强对耕地进行分等定级动态管理，加快改造中低产田。依托测土配方施肥项目，优化配置肥料资源，提高肥料利用率。推广使用高效、低毒、低残留农药，实行统一防治、承包防治等措施，提高农药的利用率。推广节水农业技术，缓解资源型缺水的紧迫状况和季节性干旱对农业生产的威胁。

2. 抓好农业产业链条延伸

积极发展"一村一品"，充分挖掘资源优势、以农民为主体发展循环农业，实现小农户与大市场紧密对接，促进农民增收。着力培育一批竞争力、带动力强的龙头企业和企业集群示范基地，推广龙头企业、合作组织与农户有机结合的组织形式。发展农产品深加工，延长产业链，提高农业质量和效益。

3. 抓好农业生物质产业

以废弃物资源化利用为重点，适宜地区发展能源作物种植，积极开发生物质能源。大力普及农村沼气，加快实施乡村清洁工程，推进农村作物秸秆、生活垃圾、污水、粪便的资源化利用。加快开发以农作物秸秆为主要原料的生物质燃料、肥料、饲料等，开展农作物秸秆固体成型燃料和秸秆气化的试点。同时，根据我国土地资源、农业生产特点，通过开发冬闲田、盐碱地、荒山、荒地等未利用土地资源，稳步发展甜高粱、甘蔗和木薯等非粮食能源作物。

4. 抓好农业资源保护与利用

要加强耕地资源的保育，探索建立生态补偿机制，保护和改善耕地质量。加强草原生态建设保护，使严重退化区、生态脆弱区和重要江河源头的草原植被有所恢复；实施禁渔区、禁渔期制度，开展渔业资源增殖放流，实现重要渔业资源的恢复与增殖。不断提高资源的质量，增强资源支撑农业可持续发展的能力。

二、农村节能减排的主要工作

（一）积极推进农业生产和农村生活节能

积极推进农业耕作制度改革，大力推广免耕或少耕等保护性耕作，实施各种类型的秸秆还田、节水保墒、保温防寒、生态间作等节约高效的耕作制度。大力发展节油、节电、节煤的农业机械和渔业机械技术及装备，加快更新淘汰高耗能农业机械、老旧渔船和装备。推广应用复式联合作业农业机械，提高农业机械作业质量，减少作业环节和次数，降低农业机械单位能耗。推广节约、高效、生态畜禽养殖技术，大力推进农村生活节能，推广应用保温、省地、隔热的新型建筑材料，发展节能型住房。

（二）推进农业废弃物能源化、资源化利用，适度发展能源作物

抓好农村沼气建设，以"一池三改（沼气池，改圈、改厕、改厨）"为主要内容，逐步普及农村户用沼气；以集约化养殖场和养殖小区为重点，加快建设养殖场沼气工程；在人畜分离、实行小区集中养殖的村庄，建设沼气集中供气工程。积极推广秸秆气化固化。推进乡村清洁工程建设，以自然村为基本单元，建设秸秆、粪便、生活垃圾等有机废弃物处理设施，推进人畜粪便、生活垃圾等向肥料、饲料、燃料转化。推广秸秆覆盖还田、秸秆快速腐熟、秸秆气化、过腹还田和机械化还田技术，实现农业资源和废弃物的高效利用和循环利用。在确保国家粮食安全和农产品有效供给的前提下，坚持"不与人争地、不与地争粮"的原则，利用大量宜农宜林荒山、荒坡、盐碱地种植甜高粱、甘蔗、木薯等非粮能源作物，发挥其对我国能源供给的补充作用。科学制定主要能源作物发展规划，建设能源作物专用良种的引进、选育基地和生产示范基地，鼓励大型能源企业引导带动农民发展能源作物生产。

（三）积极发展农村可再生能源

我国农村蕴藏有丰富的小水电、风能、太阳能等可再生能源，但目前开发利用程度不高，在农村能源总消费中所占的比例还很小。应按照因地制宜、多元发展的原则，采取有力的扶持政策，克服技术和成本等方面的障碍，大力发展适宜不同区域、不同资源禀赋的农村社区、企业和农户使用的风能、水能、太阳能等可再生能源，向农民推广可再生能源技术和产品。

（四）推广节约型农业技术，切实降低农业面源污染

以节肥、节药、节水、节能为突破口，推广应用节约型农业技术。广泛开展测土配方施肥技术指导与服务，提倡增施有机肥。科学合理使用高效、低毒、低残留农药，淘汰"跑、冒、滴、漏"的植保机械，推广低容量喷雾技术，建立多元化、社会化病虫害防治专业服务组织，运用农业、物理及生物防治技术，减少农药使用的次数和数量，提高防治效果和农药利用率。开展全国农业面源污染普查，加强重点区域农产品产地环境监测，积极防治规模化畜禽养殖污染，建立和完善污染减排体系，切实降低农业面源污染。

第八章　农村社会保障政策法规

第一节　农村社会保障的内容

社会保障是政府通过法律和制度手段，筹集社会保障基金，对社会成员在年老、疾病、伤残、失业、生育、遭受灾害，面临生活困难时给予必要的救助和保护，以满足其基本需要的制度安排。它的基本功能是保障公民的生存权，进而为实现每个人的发展权提供基本条件。目前，我国农村社会保障制度的建设还处在起步的时期，它的内容主要包括社会保险、社会救助、社会福利、社会优抚等四个方面。

农村社会保险是农村社会保障的核心，是较高层次的社会保障，包括养老、医疗、失业、工伤和计划生育等许多方面。现阶段，我国农民最迫切需要的社会保险主要是养老保险和医疗保险。

农村社会救助制度是国家及各种社会群体运用掌握的资金、实物、服务等手段，通过一定机构和专业人员，向农村中无生活来源、丧失工作能力者，向生活在"贫困线"或最低生活标准以下的个人和家庭，向农村中一时遭受严重自然灾害和不幸事故的遇难者，实施的一种社会保障制度，以使受救助者能继续生存下去。农村社会救助制度包括农村社会互助和农村社会救济两个方面。农村社会救济的对象主要是五保户、贫困户、残疾人以及其他困难群众。

农村社会福利是指为农村特殊对象和社区居民提供除社会救济和社会保险外的保障措施与公益性事业，其主要任务是保障孤、寡、老、弱、病、残者的基本生活，同时对这些特困群体提供生活方面的上门服务，并开展娱乐、康复等活动，逐步提高其生活水平。

农村社会优抚是指优待、抚恤和安置农村退伍军人，以及对农村从军家属给予物质精神方面的补助。农村社会优抚是一项特殊的保障，已列入国家整个社会保障体系之中。

第二节　农村社会养老保险

农村社会养老保险的含义

农村社会养老保险是国家保障全体农民老年基本生活的一项社会保障制度，是政府的一项重要社会政策，它是指我国农村的非城镇人员（包括乡镇企业职工）支付一定的劳动所得，在丧失劳动能力时从国家和社会取得帮助，享受养老金，以保障衣、食等基本生活需要的一种社会保险制度。农村社会养老保险以农村家庭养老、土地养老的补充形式在农村推行。

农村社会养老保险的基本原则是：保障水平与农村生产力发展和各方面承受能力相适应；养老保险与家庭赡养、土地保障以及社会救助等形式相结合；权利与义务相对等；效率优先，兼顾公平；自我保障为主，集体（含乡镇企业、事业单位）调剂为辅，国家给予政策扶持；政府组织与农民自愿相结合。

农村社会养老保险的制度具有如下特点：基金筹集以个人缴费为主、集体补助为辅、国家政策扶持，明确了个人、集体和国家三者的责任，突出自我保障为主的原则，不给政府背包袱；实行储备积累，建立个人账户，农民个人缴费和集体补助全部记在个人名下，属于个人所有。个人领取养老金的多少取决于个人缴费的多少和积累时间的长短；农村务农、经商等各类从业人员实行统一的社会养老保险制度，便于农村劳动力的流动；采取政府组织引导和农民自愿相结合的工作方法。这是我国农村经济发展很不平衡所决定的过渡时期的工作方法，随着农村经济的发展，在有条件的地区将逐步加大政府推动的力度，以体现社会保险的特性。

第三节　建立农村最低生活保障制度的规定

一、建立农村最低生活保障制度的目标和总体要求

通过在全国范围建立农村最低生活保障制度，将符合条件的农村贫困人口全部纳入保障范围，稳定、持久、有效地解决全国农村贫困人口的温饱问题。

建立农村最低生活保障制度，实行地方人民政府负责制，按属地进行管理。各地要从当地农村经济社会发展水平和财力状况的实际出发，合理确定保障标准和对象范围。同时，要做到制度完善、程序明确、操作规范、方法简便，保证公开、公平、公正。要实行动态管理，做到保障对象有进有出，补助水平有升有降。要与扶贫开发、促进就业以及其他农村社会保障政策、生活性补助措施相衔接，坚持政府救济与家庭赡养扶养、社会互助、个人自立相结合，鼓励和支持有劳动能力的贫困人口生产自救，脱贫致富。

二、农村最低生活保障标准和对象范围

（一）保障标准

农村最低生活保障标准由县级以上地方人民政府按照能够维

持当地农村居民全年基本生活所必需的吃饭、穿衣、用水、用电等费用确定，并报上一级地方人民政府备案后公布执行。农村最低生活保障标准要随着当地生活必需品价格变化和人民生活水平提高适时进行调整。

（二）保障对象

农村最低生活保障对象是家庭年人均纯收入低于当地最低生活保障标准的农村居民，主要是因病残、年老体弱、丧失劳动能力以及生存条件恶劣等原因造成生活常年困难的农村居民。

（三）保障资金

农村最低生活保障资金的筹集以地方为主，地方各级人民政府要将农村最低生活保障资金列入财政预算，省级人民政府要加大投入。地方各级人民政府民政部门要根据保障对象人数等提出资金需求，经同级财政部门审核后列入预算。中央财政对财政困难地区给予适当补助。

三、农村最低生活保障管理

（一）申请、审核和审批

申请农村最低生活保障，一般由户主本人向户籍所在地的乡（镇）人民政府提出申请；村民委员会受乡（镇）人民政府委托，也可受理申请。

（二）民主公示

村民委员会、乡（镇）人民政府以及县级人民政府民政部门要及时向社会公布有关信息，接受群众监督。公示的内容重点为：最低生活保障对象的申请情况和对最低生活保障对象的民主评议意见，审核、审批意见，实际补助水平等情况。

（三）资金发放

最低生活保障金原则上按照申请人家庭年人均纯收入与保障标准的差额发放，也可以在核查申请人家庭收入的基础上，按照其家庭的困难程度和类别，分档发放。

（四）动态管理

乡（镇）人民政府和县级人民政府民政部门要采取多种形式，定期或不定期调查了解农村困难群众的生活状况，及时将符合条件的困难群众纳入保障范围；并根据其家庭经济状况的变化，及时按程序办理停发、减发或增发最低生活保障金的手续。

第二部分

法律法规

第二暗代

古佳青暇

第一章 法律概述和依法治国

第一节 法律的概念和特征

一、法律的概念

法律是国家制定或认可的，由国家强制力保证实施的，正式的官方确定的行为规范。广义的法律是指包括法律、有法律效力的解释及其行政机关为执行法律而制定的规范性文件（如规章）；狭义的法律专指拥有立法权的国家机关依照立法程序制定的规范性文件。法律属于上层建筑范畴，决定于经济基础，并为经济基础服务。法律的目的在于维护有利于统治阶级的社会关系和社会秩序，是统治阶级实现其统治的一项重要工具。

二、法律的特征

（一）法律是调整人的行为的一种社会规范

社会规范调整的是人与人之间的社会关系，法律是社会规范中的一种规范。不同于技术规范和自然法则，法律是调整人的行为，是组织和个人都要遵照执行的一种规范、一种制度、一种标准、一种尺度。

（二）法律是国家制定和认可的社会规范

法律的形成有两种基本方式：一种是制定法律，即享有国家立法权的机关，按照一定的权限划分，依照法定的程序将掌握政权阶级的意志转化为法律，如，反分裂法、物权法等；另一种是通过国家认可的方式形成法律，这种形成法律的方式是对社会中已有的社会规范（如习惯、道德、宗教教义、政策）赋予法律的效力。

（三）法律是国家确认权利和义务的社会规范

权利和义务是法律的主要内容，但不是全部内容。一是法律是通过设定以权利义务为内容的行为模式指引人的行为；二是法律不仅适用于公民个人，对国家机构、社会组织同样适用；三是一定的主体按照法律权利和义务的作为和不作为具有正当性、合法性；四是在具备一定条件时，人们可以从事或者不从事某种行为，必须做或者必须不做某件事。

（四）法律是以国家强制力保障实施的社会规范

所有的社会规范都具有强制力，企业的章程、学校的纪律、家规家法等都具有强制性，但法律的强制力是国家强制力；但法律的强制力不是一般的强制力而是特殊的强制力。国家强制力是以军队、警察、法庭、监狱等为物质设施的强制力，而其他社会规范没有；法律的强制力的实现是不以被强制者的认同与否为转移的；实现法律的强制力一定要通过特定程序，其他行为规范则不同。

三、法律的渊源与分类

（一）法律的渊源

法律的渊源是指法的效力来源，包括法律的创制方式和法律规范的外部表现形式。我国法律渊源主要包括：宪法；法律；行政法规和行政规章；地方性法规和地方政府规章；自治条例和单行条例；特别行政制定的法律和法规；经济特区制定的法规；军事法规；国际条约、国际惯例。

（二）法律的分类

按制定和实施法律的主体不同分为国际法和国内法；按法律

地位和制定的程序不同，分为根本法和普通法；按适用范围的不同，分为一般法和特别法；按照规定的内容不同，分为实体法和程序法（诉讼法）；按制定和表达的方式不同，分为成文法和习惯法（不成文法）。

（三）中国社会主义法律体系

当代中国法律体系由三个不同层级的法律规范和7个法律部门构成。

1. 三个不同层级的法律规范

包括法律；行政法规；地方性法规、自治条例和单行条例。

2. 七个法律部门

包括宪法及宪法相关法、刑法、行政法、民商法、经济法、社会法、诉讼与非诉讼程序法。

（1）宪法及宪法相关法。宪法是国家的根本大法。

（2）刑法。刑法是规定犯罪和刑罚的法律规范的总和。

（3）行政法。行政法是在调整国家行政管理活动中形成的社会关系和法律规范的总称。主要包括行政许可法、行政处罚法。

（4）民商法。民法是调整平等主体的公民之间、法人之间、公民和法人之间的财产关系与人身关系的法律规范的总和，如：民法通则、物权法、婚姻法等方面的法律规范；商法是民法中的一个特殊部分，例如：公司法、破产法、海商法等方面的法律规范。

（5）社会法。社会法是调整劳动关系、社会保障、社会福利和环境保护关系的法律规范的总和。

（6）经济法。经济法指调整国家与经济组织、事业单位、社会团体、公民之间发生的以社会公共性为特征的经济管理关系的法律规范的总称。

（7）诉讼与非诉讼程序法。它是规范解决社会纠纷的诉讼活动与非诉讼活动的法律规范的总和。我国已经制定了刑事诉讼法、民事诉讼法、行政诉讼法，此外，我国还制定了仲裁法等非诉讼程序法。

第二节 法律的起源和作用

一、法律的起源

法律是随着生产力的发展、社会经济的发展、私有制和阶级的产生、国家出现而产生的，经历了一个长期的渐进的过程。私有制和商品经济的产生是法律产生的经济根源。阶级的产生是法律产生的阶级根源。社会的发展是法律产生的社会根源。

在法律产生之后，一切当事人不能自行解决的严重冲突则通过法律诉讼来解决，由此出现了司法活动和不断专门化的司法机关。法律诉讼和司法的出现，标志着公力救济代替了私力救济，文明的诉讼程序取代了野蛮的暴力复仇，使得人们之间发生的争端可以通过非暴力方式解决，从而避免或极大地减少了给人类造成巨大灾难的恶性循环的暴力复仇现象。

二、法律的作用

法律的作用是指法律对社会主体和社会关系所具有的影响力。法律的作用可以分为规范作用与社会作用。

（一）规范作用

规范作用是对主体的行为提供标准和指引方向。

1. 指引作用

是指法律对本人的行为具有指引性。可以分为个别性指引、规范性指引，还可以分为确定性指引、不确定性的指引。

2. 评价作用

是指法律作为一种行为标准，具有判断、衡量他人行为是否

合法的评判作用。

3. 教育作用

是指通过法的实施使法律对一般人的行为产生影响。

4. 预测作用

是指预先估计到人们相互之间会如何行为。社会主体可以事先预测到，假如我们要做一件事情或拒绝做一件事情，会产生什么样的后果，从而决定是否做这件事情。

5. 强制作用

是指可以通过制裁违法犯罪行为来强制人们遵守法律。

（二）社会作用

法律的社会作用主要表现为维护社会秩序和社会稳定，推进社会进步，控制和解决社会纠纷和争端，促进社会价值目标的实现等。

法律的作用不是万能的。法律是社会规范之一，必然受到其他社会规范以及社会条件和环境的制约。因此，法律规范和调整社会关系的范围和深度有限，有些社会关系如人们的情感关系，友谊关系不适宜由法律来调整。

第三节　法律与其他社会现象的关系

一、法律与经济

经济是整个社会的物质资料的生产和再生产，经济活动是社会物质的生产、分配、交换和消费的统称。法律作为上层建筑的一部分，是由经济基础决定的，有什么样的经济基础，就有什么样的法律，法律必须适应经济基础的要求而作相应的变化。法律对于经济基础具有能动的反作用，这种反作用要受到生产关系适应生产力这一客观规律的制约和支配。法律对经济的作用主要表现在确认经济关系、规范经济行为、维护经济秩序和服务经济活动等方面。

二、法律与和谐社会

和谐社会是具有公平正义、诚信友爱、充满活力、安定有序和人与自然和谐相处的社会。和谐社会离不开法律，一是社会主义民主是社会主义法治的前提和基础，社会主义法治是社会主义民主的体现和保障；二是法律通过确认并保障正义标准的实现，协调主体之间的利益关系；三是法律可以为诚信友爱的实现提供良好的制度环境；四是法律为激发主体的活力创造制度条件；五是法律为维护社会的安定和秩序提供有力保障；六是法律协调人与自然的关系，为经济发展与自然环境的和谐提供制度支持。

三、法律与政策

政策一般指国家或政党的政策。政党政策是政党为实现一定的政治目标、完成一定的任务而作出的政治决策。二者的联系主要是包括阶级本质、经济基础、指导思想、基本原则和社会目标等方面具有共同性。不同点主要表现为：意志属性不同。法律体现国家意志，政党政策体现执政党意志；规范形式不同。法律表现为规范性法律文件或国家认可的其他形式，以规则为主，具有严格的逻辑结构，权利义务的规定具体、明确。政党政策表现为决议、宣言、决定、声明、通知等，更多具纲领性、原则性和方向性；实施方式不同。法律的实施与国家强制相关。政党政策以党的纪律保障实施，其实施不与国家强制相关；调整范围不同。一般而言，政党政策调整的社会关系和领域比法律要广，对党的组织和党的成员的要求也比法律的要求要高；稳定性不同。法律具有较高的稳定性，但并不意味着法律不能因时而变，只是法律的任何变动都须遵循严格、固定且专业性很强的程序。政策可根据形势变化作出较为迅速的反应和调整，其程序性约束也不及法律那样严格和专门化。

四、法律与道德

法律与道德在内容上存在相互渗透的密切关系。法律调整与道德调整各具优势，且形成互补。一般来说，古代社会更多强调道德在社会调控中的首要或主要地位，对法律的强调也更多在其惩治功能上。到近现代社会，一般都倾向于强调法律调整的突出作用，建立法治国家成为民众普遍的政治主张。

法律与道德的主要区别有：一是法律在生成上往往与有组织的国家活动相关，由权威主体经程序主动制定认可。而道德是在社会生产生活中自然演进生成的，不是自觉制定和程序选择的产物。二是法律有特定的表现形式或渊源，有明确的行为模式和法律后果，具体确切，可操作性强。而道德无特定、具体的表现形式，往往体现在一定的学说、舆论、传统和典型行为，其对行为的要求笼统、原则，标准模糊，只有一般的倾向性，理解和评价易生歧义。三是法律与国家强制相关，而道德强制是内在的，主要凭靠内在良知认同或责难。四是法律具有可诉性，道德不具有可诉性，道德主要表现为无形的舆论压力和良心谴责。

五、法律与宗教

宗教作为一种重要的文化现象，对法律的影响，既有积极方面，也有消极方面。首先，宗教可以推动立法。许多宗教教义实际上都表达了人类的一般价值追求，部分教义被法律吸收，成为立法的基本精神。宗教信仰有助于提高人们守法的自觉性。宗教提倡与人为善、容忍精神有利于公民循规蹈矩，宗教对超自然的崇拜增加了法律的威慑力。

现代法律对宗教的影响，主要表现为法律对本国宗教政策的规定。宗教政策是指一国关于处理宗教信仰和宗教活动等问题的指导性方针。管理宗教事务是我国法律对待宗教问题的一贯原则。我国现行的宗教政策主要包括：全面正确地贯彻宗教信仰自由政策；依法加强宗教事务的管理；积极引导宗教与社会主义建设事业相结合。

第四节　依法治国和社会主义法治国家

一、依法治国

（一）依法治国的概念

依法治国就是广大人民群众在党的领导下，依照宪法和法律规定，通过各种途径和形式管理国家事务，管理经济文化事业，管理社会事务，保证国家各项工作都依法进行，逐步实现社会主义民主的制度化、法律化，使这种制度和法律不因个人意志而改变。依法治国是发展社会主义市场经济的客观需要，是社会文明进步的重要标志，是国家长治久安的重要保障。

（二）依法治国的内容

依法治国是建设社会主义政治文明、发展社会主义民主政治的重要内容，其本质是保证人民当家作主。一是依法治国的主体是中国共产党领导下的人民群众；二是依法治国的本质是崇尚宪法和法律在国家政治、经济和社会生活中的权威，彻底否定人治，确立法大于人、法高于权的原则，使社会主义民主制度和法律不受个人意志的影响；三是依法治国的根本目的是保证人民充分行使当家作主的权利，维护人民当家作主的地位；四是立法机关要严格按照立法制定法律，逐步建立起完备的法律体系，使国家各项事业有法可依；五是行政机关要严格依法行政，各级政府及其工作人员要严格依法行使其权力，依法处理国家各种事务；

六是司法机关要公正司法、严格执法。

（三）依法治国的要求

全面落实依法治国基本方略，应着重做好以下几个方面的工作。

1. 加强立法工作，完备法律体系

完备法律体系是全面落实依法治国基本方略的首要环节。

2. 树立宪法和法律至高无上的权威

中国共产党必须在宪法和法律范围内活动。中国共产党处于长期执政的地位，党作为我国政治生活的核心，直接领导立法、行政、司法等各项工作。党是依法治国，建设社会主义法治国家的领导者和组织者，党的领导是实现依法治国根本保证。党模范地遵守宪法和法律，自觉在宪法和法律范围内活动，就能够极大地推动依法治国方略的落实。

3. 增强全民的法律意识和法制观念

增强全体公民的法律意识和法制观念，是全面落实依法治国基本方略的一项基础性工程。增强全体公民的法律意识和法制观念，必须坚持不懈地进行法制教育和法律宣传，使人人知法、懂法，树立正确的法律价值观，而且能积极维护法律。

二、社会主义法治国家

（一）基本概念

社会主义法制是在打碎旧的国家机器、废除旧的法制体系的基础上建立的，代表了社会主义国家全体人民的最大利益和意志。社会主义法制包括立法、执法、守法三个方面，要求做到"有法可依，有法必依，执法必严，违法必究"。

（二）社会主义法治国家的本质

社会主义法治的本质是党的事业至上、人民利益至上、宪法法律至上。党的事业就是维护好、发展好人民利益。中国共产党领导人民制定宪法和法律，也领导人民遵守和执行宪法和法律。一方面党的意志或者说党的政策要通过立法的程序转变为法律，它本身构成了法律的正当性。法律在很大程度上就是党的路线、方针、政策、纲领的程序化。另一方面这也起到了约束政党行为的效应，即执政党制定的法律同时也约束着执政党。人民利益需要宪法法律的引导规范。人民的利益是制定宪法和法律的依归和宗旨。

（三）社会主义法治国家的基本内容

1. 依法治国

是指广大人民群众在党的领导下，依照宪法和法律的规定，参与国家、社会、经济、文化事业。依法治国是社会主义法治的核心内容。

2. 执法为民

是指在一切执法活动和执法工作中，都应以人民群众的根本利益为出发点，在执法的具体活动和程序中，要保护人民群众的利益。执法为民是社会主义法治的本质要求。在执法的目的上要以人民群众的根本利益为本。执法手段，执法不能以恶的手段达到善的目的。

3. 公平正义

是指社会全体成员能够按照宪法和法律规定的方式公平地实现权利和义务，并且受到法律的保护。公平正义是社会主义法治理念的价值追求。法律面前人人平等意味着主体资格上的平等，即在法律面前每个人平等地享有权利，也平等地承担责任。

4. 党的领导

是社会主义法治的根本保证。坚持党的领导既是历史和人民的选择，又是由党的先进性决定的。党对法治建设的领导主要是政治、思想和组织的领导。

第二章 中华人民共和国农业法

第一节 《农业法》概述

一、中华人民共和国农业法概念

《中华人民共和国农业法》（全书简称《农业法》）是国家权力机关通过立法程序制定和颁布的，对于农业领域中的根本性、全局性问题进行规定的规范性文件。《农业法》于1993年7月2日由第八届全国人大常委会第二次会议通过，2002年12月28日由第九届全国人大常委会第三十一次会议进行了修订。该法共13章99条，对农业生产经营体制、农业生产、农产品流通与加工、粮食安全、农业投入与支持保护、农业科技与农业教育、农业资源与农业环境保护、农民权益保护、农村经济发展、执法监督及法律责任等进行了详细规定，旨在巩固和加强农业在国民经济中的基础地位，深化农村改革，发展农业生产力，推进农业现代化，维护农民和农业生产经营组织的合法权益，增加农民收入，提高农民科学文化素质，促进农业和农村经济的持续、稳定、健康发展，实现全面建设小康社会的目标。

二、农业法意义

《农业法》是在我国农业发展进入新阶段、农业和农村经济结构进行战略性调整、农村开始全面建设小康社会的形势下修订的，该法的颁布是我国农业发展史上的一件大事，也是农业部门的一件大事。贯彻落实《农业法》，对于促进农业发展、农民富裕和农村繁荣，实现全面建设小康社会的目标，必将产生重大影响。

（一）《农业法》是新形势下落实党中央农业和农村政策的法律保障

《农业法》是党的农业和农村基本政策的条文化、具体化，贯彻《农业法》与落实党中央农业和农村基本政策是一致的，《农业法》贯彻好了，党的农村基本政策就能够得到很好的落实。

（二）《农业法》是新阶段全面建设农村小康社会的法律保障

全面建设小康社会，重点在农村，难点在农民。推进农村小康建设，必须以增加农民收入、增加农业综合效益、增强农产品竞争力。新修订的《农业法》也把提高农业整体素质、提高农业效益、提高农民收入确定为农业和农村经济发展的重要目标，并就如何加强上述五大体系建设规定了一系列法律措施。因此，贯彻实施好《农业法》，必将为新阶段全面建设农村小康社会提供有力的法律保障。

（三）《农业法》是新世纪农村政治文明建设的推进器

发展社会主义民主政治，建设社会主义政治文明，是全面建设小康社会的一个重要目标。依法治农是实施依法治国方略的重要组成部分，《农业法》是我国农业方面的一部基本法，这部法律的贯彻实施，不仅有利于加强农业立法，推进农业执法，而且有利于增强农村干部的法制观念，加快农业部门依法行政和依法治农的进程。

三、农业法主要特点

（一）《农业法》是一部农业发展法，强化了新阶段农业发展的保障措施

《农业法》总结了 1993 年以来我国农业发展的基本经验，增

加了许多适应新形势发展要求的条款。明确了农业结构调整的方向和重点，确立了农产品质量安全和粮食安全保障措施，建立了农业支持和保护机制以及农产品进口预警机制，规定了促进城乡经济协调发展，逐步缩小城乡差别的基本措施。

（二）《农业法》是一部农村改革促进法，确立了农村改革的基本方向

新《农业法》重申了国家长期稳定农村以家庭承包经营为基础、统分结合的双层经营体制；实行农村土地承包经营制度，依法保障农村土地承包关系长期稳定，保护土地承包人的合法权益；确立了农民专业合作经济组织的法律地位和组织原则；明确了农产品行业协会的法律地位和职责；提出了农产品购销实行市场调节和农产品市场体系建设的原则；规定了农村金融和农业保险发展的方向。这些规定，既肯定了农村改革的成果，又考虑了农业发展的前瞻性，必将对深化农村改革产生积极的促进作用。

（三）《农业法》是一部农业基本法，体现了农业一体化发展的要求

新修订的《农业法》，为了适应农业一体化发展的要求，将与种植业、林业、畜牧业和渔业直接相关的产前、产中、产后服务活动纳入了本法的调整范围，将"三农"问题作为一个整体加以考虑，增加了有关农产品加工和市场信息服务的内容，规定"国家支持发展农产品加工业和食品工业，增加农产品附加值"，农业部门"应当建立农业信息搜集、整理和发布制度，及时向农民和农业生产经营组织提供市场信息等服务"。

（四）《农业法》是一部农民权益保障法，反映了维护广大农民群众利益的根本要求

保护农民权益，事关农业与农村改革、发展、稳定的大局。党中央历来十分重视保护农民的物质利益和民主权利，近年来又采取了许多政策措施，不断加强保护农民权益的工作。这次修订

新增了"农民权益保护"一章，在原法有关保护农民权益规定的基础上，增加了保护农民对承包土地的使用权，要求各级政府和有关部门采取措施增加农民收入，切实减轻农民负担，规定了农村财务公开制度；明确了保护农民权益的行政和司法救济措施等内容。

第二节 《农业法》的主要规定

一、确立了农民专业合作经济组织的法律地位

为了对农民专业合作经济组织经营活动进行规范管理，《农业法》规定：国家鼓励农民在家庭承包经营的基础上自愿组成各类专业合作经济组织。农民专业合作经济组织应当坚持为成员服务的宗旨，按照加入自愿、退出自由、民主管理、盈余返还的原则，依法在其章程规定的范围内开展农业生产经营和服务活动。农民专业合作经济组织可以有多种形式，依法成立，依法登记。任何组织和个人不得侵犯农民专业合作经济组织的财产和经营自主权。

《农业法》规定，农民和农业生产经营组织可以按照法律、行政法规成立各种农产品行业协会，为成员提供生产、营销、信息、技术、培训等服务，发挥协调和自律作用，提出农产品贸易救济措施的申请，维护成员和行业的利益。

二、发展多种形式的产业化经营

（一）明确了产业化经营的作用

发展农业产业化经营是加快农业和农村经济结构调整、实现农业现代化的重要途径。各地的实践表明，发展农业产业化经营不受部门、地区和所有制的限制，把农产品生产、加工、销售等

环节连成一体，形成有机结合、相互促进的组织形式和经营机制，不动摇农户家庭经营的基础，不侵犯农民的财产权益，能够有效地解决千家万户的农民进入市场、运用现代科技和扩大经营规模等问题，提高农业经济效益和市场化程度。因此，新《农业法》（2013年1月4日新修订的《农业法》，全同书）规定，国家采取措施，引导、支持和鼓励发展多种形式的农业产业化经营。

（二）确立了龙头企业和农民联系的形式

《农业法》规定，国家鼓励和支持农民和农业生产经营组织发展农产品生产、加工、销售一体化经营。在坚持家庭承包经营基础上，鼓励农民成立各类专业合作经济组织，创办农产品加工企业和农产品购销组织，或者通过与龙头企业和其他组织联合，将农产品生产、加工、流通等环节紧密结合起来，实行一体化经营，形成合作经济性质的产业化经营体系，既推进农业产业化，又能够使农民参与农产品加工、销售环节的利润分配，从而取得比单纯从事农产品生产活动、出售初级农产品更高的经济效益。根据新《农业法》的要求，对于农民和农业生产经营组织实行生产、加工、销售一体化经营，国家有关部门应当及时制定优惠政策，加以引导和支持。

（三）明确了龙头企业与农户利益分配原则

《农业法》规定，国家引导和支持从事农产品生产、加工、流通服务的企业、科研单位和其他组织，通过与农民或者农民专业合作经济组织订立合同或者建立各类企业等形式，形成收益共享、风险共担的利益共同体，推进农业产业化经营，带动农业发展。

三、加快农业和农村经济结构调整

农业和农村经济结构的战略性调整是转变农业增长方式的根

本性调整，是提高农业经济效益，增加农民收入的根本途径。《农业法》对经济结构调整的方向和重点以及政府部门在农业经济结构调整中的职责等都作了明确规定。

一是县级以上各级人民政府应当根据国民经济和社会发展的中长期规划、农业和农村经济发展的基本目标和农业资源区划，制定农业发展区划。省级以上人民政府农业行政主管部门根据农业发展规划，采取措施发挥区域优势，促进形成合理的农业生产区域布局，指导和协调农业和农村经济结构调整。

二是县级以上各级人民政府应当制定政策、安排资金，引导和支持农业结构调整。

三是国家引导和支持农民和农业生产经营组织结合本地实际按照市场需求，调整和优化农业生产结构，协调发展种植业、林业、畜牧业和渔业，发展优质、高产、高效益的农业，提高农产品国际竞争力。

四是明确规定了种植业、林业、畜牧业和渔业结构调整的方向和重点。种植业应当以优化品种、提高质量、增加效益为中心，调整作物结构、品种结构和品质结构。林业要加强林业生态建设，实施天然林保护、退耕还林和防沙治沙工程，加强防护林体系建设，加速营造速生丰产林、工业原料林和薪炭林。畜牧业要加快发展，加强草原保护和建设，推广圈养和舍饲，改良畜禽品种，积极发展饲料工业和畜禽产品加工业。渔业生产应当保护和合理利用渔业资源，调整捕捞结构，积极发展水产养殖业、远洋渔业和水产品加工业。

五是国家扶持动植物品种的选育、生产更新和良种的推广使用，鼓励品种选育和生产、经营相结合，实施种子工程和畜禽良种工程。

六是各级人民政府应当采取措施加强农业和农村基础设施建设，改善农业生产条件，保护和提高农业综合生产能力。

七是对在国务院批准规划范围内实施退耕还林、还草、还湖、还湿地的农民，按照国家规定予以补助。

八是国家支持发展农产品加工业和食品工业，增加农产品的附加值。

九是国家扶持农村第二、第三产业和小城镇的发展，优化农村经济结构，促进农村经济全面发展，逐步缩小城乡差别。

四、保障农产品质量安全

农产品质量安全是近年来社会关注的突出问题。提高农产品质量，保障农产品质量安全，不仅是提高我国人民生活质量和增强农产品国际竞争力的需要，也是提高农业效益、增加农民收入的需要。

一是建立健全农产品质量标准体系和质量检验检测监督体系。国家采取措施提高农产品的质量，建立健全农产品质量标准体系和质量检验检测监督体系，保障农产品质量安全。

二是国家支持建立健全优质农产品认证和标志制度。符合国家规定标准的优质农产品可以依照法律或者行政法规的规定申请使用有关的标志。符合规定产地及生产规范要求的农产品可以依照有关法律或者行政法规的规定申请使用农产品地理标志。国家鼓励和扶持发展优质农产品生产。同时，国家还将采取措施保护农业生态环境，防止农业生产过程对农产品的污染。

三是国家建立健全农产品加工制品质量标准，加强农产品加工过程的质量安全管理和监督，保障食品安全。

四是国家健全动植物防疫、检疫体系，加强对动物疫情和植物病、虫、杂草、鼠害的监测、预警和防治，建立重大动物疫情和病虫害的快速扑灭机制，建设动物无规定疫病区，实施植物保护工程。

五是建立健全农业生产资料的安全使用制度。农民和农业生产经营组织不得使用国家明令淘汰和禁止使用的农药、兽药、饲料添加剂等农业生产资料和其他禁止使用的产品。对可能危害人畜安全的农业生产资料的生产经营依法实行登记或者许可制度。

五、支持发展农产品流通与加工业

大力发展农产品加工业，不仅可以增加农产品附加值，解决农产品卖难和农民增收的困难问题，而且可以提高农业整体素质，增强农业竞争力，加快传统农业向现代农业转变的进程。

一是明确了农产品购销体制改革方向，规定农产品的购销实行市场调节。国家对关系国计民生的重要农产品的购销活动实行必要的宏观调控，并通过建立中央和地方分级储备调节制度，完善仓储运输体系，做到保证供应，稳定市场。

二是明确了农产品市场体系的基本特征，规定建立统一、开放、竞争有序的农产品市场体系。对农村集体经济组织和农民专业合作经济组织建立农产品批发市场和农产品集贸市场，国家给予扶持。

三是规范市场流通秩序，疏通"绿色通道"。国家鼓励和支持发展多种形式的农产品流通活动，支持农民和农民专业合作经济组织按照国家有关规定从事农产品收购、批发、贮藏、运输、零售和中介活动。鼓励供销合作社和其他从事农产品购销的农业生产经营组织提供市场信息，开拓农产品流通渠道，为农产品销售服务。县级以上人民政府应当采取措施保障农产品运输通畅，建立农产品运输绿色通道。

四是扶持农民专业合作经济组织和乡镇企业从事农产品加工。国家支持发展农产品加工业和食品工业，增加农产品的附加值。县级以上人民政府应当制定农产品加工业和食品工业发展规划，引导农产品加工企业形成合理的区域布局和规模结构，扶持农民专业合作经济组织和乡镇企业从事农产品加工和综合开发利用。国家建立健全农产品加工制品质量标准，完善检测手段，加强农产品加工过程中的质量安全管理和监督，保障食品安全。

六、粮食安全

为实现稳定粮食生产能力，确保粮食供求基本平衡的目标，粮食安全第一次写进了《农业法》。新《农业法》规定，国家采取措施保护粮食生产能力，稳步提高粮食生产水平，保障粮食安全。国家建立耕地保护制度，对基本农田依法实行特殊保护。国家在政策、资金、技术等方面对粮食主产区给予重点扶持，建设稳定的商品粮生产基地，改善粮食收贮及加工设施，提高粮食主产区的粮食生产、加工水平和经济效益。国家支持粮食主产区与主销区建立稳定的购销合作关系。

在粮食的市场价格过低时，国务院可以决定对部分粮食品种实行保护价制度。保护价应当根据有利于保护农民利益、稳定粮食生产的原则确定。农民按保护价制度出售粮食，国家委托的收购单位不得拒收。县级以上人民政府应当组织财政、金融等部门以及国家委托的收购单位及时筹足粮食收购资金，任何部门、单位或者个人不得截留或者挪用。

国家建立粮食安全预警制度，采取措施保障粮食供给。国务院应当制定粮食安全保障目标与粮食储备数量指标，并根据需要组织有关主管部门进行耕地、粮食库存情况的核查。国家对粮食实行中央和地方分级储备调节制度，建设仓储运输体系。承担国家粮食储备任务的企业应当按照国家规定保证储备粮的数量和质量。

国家建立粮食风险基金，用于支持粮食储备、稳定粮食市场和保护农民利益。

七、关于农业投入与支持保护

我国农业基础比较薄弱，加入世界贸易组织以后，我国应在世界贸易组织规则允许的框架下，进一步建立和完善符合我国国情的农业支持保护体系，加大对农业的支持和保护力度，提高我国农业发展水平和农产品的国际竞争力。

一是与世界贸易组织有关规则相衔接，明确国家对农业支持保护的主要内容。国家建立和完善农业支持保护体系，采取财政投入、税收优惠、金融支持等措施，从资金投入、科研与技术推广、教育培训、农业生产资料供应、市场信息、质量标准、检验检疫、社会化服务以及灾害救助等方面扶持农民和农业生产经营组织发展农业生产。在不与有关国际条约相抵触的情况下，国家对农民实施收入支持政策。

二是与世界贸易组织规则相衔接，明确对农产品进口的保护措施和促进农产品出口的扶持措施。国家鼓励发展农产品进出口贸易。国家采取加强国际市场研究、提供信息和营销服务等措施，促进农产品出口。为维护农产品产销秩序和公平贸易，建立农产品进口预警制度。

三是明确国家逐步提高农业投入的总体水平和财政预算内投入农业资金的主要使用方向。中央和县级地方财政每年对农业总投入的增长幅度应当高于其财政经常性收入的增长幅度。各级政府在财政预算内安排的各项用于农业的资金应当主要用于：加强农业基础设施建设、加强农业生态环境保护建设、保障农民收入水平等。县级以上各级财政用于农业基本建设投入应当统筹安排，协调增长。

四是依法设立了各项农业专项资金，加强对用于农业的财政资金和信贷资金的监督管理和审计监督。鼓励农民和农业生产经营组织增加农业投入，鼓励社会资金投向农业，促进农业扩大利用外资。

五是鼓励和支持开展农业信息服务以及其他多种形式的农业生产产前、产中、产后的社会化服务。各级人民政府应当鼓励和支持企事业单位及其他各类经济组织开展农业信息服务。国家鼓励和扶持农业工业的发展。国家鼓励供销合作社、农村集体经济组织、农民专业合作经济组织、其他组织和个人发展多种形式的农业生产产前、产中、产后的社会化服务事业。

六是健全农村金融服务体系，对农民和农业生产经营组织的农业生产经营活动提供信贷支持。国家建立健全农村金融体制，加强农村信用制度建设，加强农村金融监管。有关金融机构应当采取措施增加信贷投入，改善农村金融服务，对农民和农业生产经营组织的农业生产经营活动提供信贷服务。

七是建立和完善农业保险制度。国家逐步建立和完善政策性农业保险制度。鼓励和扶持农民和农业生产经营组织建立为农业生产经营活动服务的互助合作保险组织，鼓励商业保险公司开展农业保险业务。同时，规定农业保险实行自愿原则。

八、促进城乡经济协调发展

统筹城乡经济社会发展，建设现代农业，发展农村经济，增加农民收入，是全面建设小康社会的重大任务。国家坚持城乡协调发展的方针，扶持农村第二、第三产业发展，调整和优化农村经济结构，增加农民收入，促进农村经济全面发展，逐步缩小城乡差别。各级人民政府应当采取措施，发展乡镇企业，支持农业的发展，转移富余的农业劳动力。国家完善乡镇企业发展的支持措施，引导乡镇企业优化结构，更新技术，提高素质。

九、加大对农业的支持力度

农业是社会效益高、自身效益低的弱质产业，需要支持和保护。加大对农业的支持和保护力度，从社会来讲，各行各业都应当支持农业，承担相应的义务。

一是明确了财政预算内投入农业资金的使用方向。国家逐步提高农业投入的总体水平。中央和县级以上地方财政每年对农业总投入的增长幅度应当高于其财政经常性收入的增长幅度。各级人民政府在财政预算内安排的各项用于农业的资金应当主要用于：加强农业基础设施建设；支持农业结构调整，促进农业产业化经营；保护粮食综合生产能力，保障国家粮食安全；健全动植物检疫、防疫体系，加强动物疫病和植物病、虫、杂草、鼠害防治；建立健全农产品质量标准和检验检测监督体系、农产品市场及信息服务体系；支持农业科研教育、农业技术推广和农民培训；加强农业生态环境保护建设；扶持贫困地区发展；保障农民收入水平等。县级以上各级财政用于种植业、林业、畜牧业、渔业、农田水利的农业基本建设投入应当统筹安排，协调增长。国家为加快西部开发，增加对西部地区农业发展和生态环境保护的投入。

二是鼓励农民和农业生产经营组织增加农业投入，鼓励社会资金投向农业，促进农业扩大利用外资。国家运用税收、价格、信贷等手段，鼓励和引导农民和农业生产经营组织增加农业生产经营性投入和小型农田水利等基本建设投入。国家鼓励和支持农民和农业生产经营组织在自愿的基础上依法采取多种形式，筹集农业资金。鼓励社会资金投向农业，鼓励企业事业单位、社会团体和个人捐资设立各种农业建设和农业科技、教育基金。国家采取措施，促进农业扩大利用外资。

三是鼓励和支持开展多种形式的农业生产产前、产中、产后的社会化服务。新《农业法》规定，各级人民政府应当鼓励和支持企业事业单位及其他各类经济组织开展农业信息服务。县级以上人民政府农业行政主管部门及其他有关部门应当建立农业信息搜集、整理和发布制度，及时向农民和农业生产经营组织提供市场信息等服务。国家采取税收、信贷等手段鼓励和扶持农业生产资料的生产和贸易，为农业生产稳定增长提供物质保障。国家采取宏观调控措施，使化肥、农药、农用薄膜、农业机械和农用柴油等主要农业生产资料和农产品之间保持合理的比价。国家鼓励供销合作社、农村集体经济组织、农民专业合作经济组织、其他组织和个人发展多种形式的农业生产产前、产中、产后的社会化服务事业。县级以上人民政府及其各有关部门应当采取措施对农业社会化服务事业给予支持。对跨地区从事农业社会化服务的，农业、工商管理、交通运输、公安等有关部门应当采取措施给予支持。

四是健全农村金融服务体系，对农民和农业生产经营组织的农业生产经营活动提供信贷支持。国家建立健全农村金融体系，加强农村信用制度建设。加强农村金融监管。有关金融机构应当采取措施增加信贷投入，改善农村金融服务，对农民和农业生产经营组织的农业生产经营活动提供信贷支持。农村信用合作社应当坚持为农业、农民和农村经济发展服务的宗旨，优先为当地农民的生产经营活动提供信贷服务。国家通过贴息等措施，鼓励金融机构向农民和农业生产经营组织的农业生产经营活动提供贷款。

五是建立和完善农业保险制度。国家逐步建立和完善政策性农业保险制度。鼓励和扶持农民和农业生产经营组织建立为农业生产经营活动服务的互助合作保险组织，鼓励商业保险公司开展农业保险业务。同时规定，农业保险实行自愿原则，任何组织和个人不得强制农民和农业生产经营组织参加农业保险。

《农业法》还规定，各级人民政府应当采取措施，提高农业防御自然灾害的能力，做好防灾、抗灾和救灾工作。

十、建立符合世界贸易组织规则的农业保护机制

我国以发展中国家的地位于 2001 年加入世界贸易组织（以下简称"世贸组织"），对农业和农产品的保护期虽然比较短，但为了调整农业产业结构，提高农产品的国际竞争力，与世界贸易组织有关规则相衔接，新《农业法》作了以下规定。

一是在规定国家对农业支持保护的主要内容时，确立了符合世界贸易组织规则的农业支持保护政策。国家建立和完善农业支持保护体系，采取财政投入、税收优惠、金融支持等措施，从资金投入、科研与技术推广、教育培训、农业生产资料供应、市场信息、质量标准、检验检疫、社会化服务以及灾害救助等方面扶持农民和农业生产经营组织发展农业生产，提高农民的收入水平。在不与我国缔结或加入的有关国际条约相抵触的情况下，国家对农民实施收入支持政策，具体办法由国务院制定。

二是对促进农业对外开放和发展农产品国际贸易以及采取的保护措施作了相应规定。规定国家鼓励发展农产品进出口贸易。国家采取加强国际市场研究、提供信息和营销服务等措施，促进农产品出口。为维护农产品产销秩序和公平贸易，建立农产品进口预警制度。

三是确立农产品行业协会制度。为适应世界贸易组织贸易争端解决机制的需要，提高农民的组织化程度，保护成员和行业利益，提高农产品竞争力，规定农民和农业生产经营组织可以依法成立各种农产品行业协会，发挥协调作用，提出农产品贸易救济措施的申请，维护成员和行业的利益。

十一、坚持科教兴农方针

农业和农村经济的持续稳定健康发展，最终要依靠农业科技进步和技术推广；实现农业增效、农民增收，最终要靠加强农村

教育，提高农民的素质。

一是县级以上政府应当逐步增加农业科技经费和农业教育经费，国家鼓励吸引社会资金投入农业科技教育事业。为了加快农业发展的技术进步，新《农业法》规定，国务院和省级人民政府应当制定农业科技、农业教育发展规划，发展农业科技、教育事业。县级以上人民政府应当按照国家有关规定逐步增加农业科技经费和农业教育经费。

二是加速科技成果转化与产业化。国家保护植物新品种、农产品地理标志等知识产权，鼓励和引导农业科研、教育单位加强农业科学技术的基础研究和应用研究，传播和普及农业科学技术知识，加速科技成果转化与产业化，促进农业科学技术进步。国务院有关部门应当组织农业重大关键技术的科技攻关。国家采取措施促进国际间农业科技、教育合作与交流，鼓励引进国外先进技术。

三是建立新型农业技术推广体系。为了促使先进的农业技术尽快应用于生产，新《农业法》规定，国家扶持农业技术推广事业，建立政府扶持和市场引导相结合，有偿与无偿服务相结合，国家农业技术推广机构和社会力量相结合的农业技术推广体系，促使先进的农业技术尽快应用于农业生产。

四是国家设立的农业技术推广机构应向农民提供公益性技术服务。新《农业法》规定，国家设立的农业技术推广机构应当承担公共所需的关键性技术的推广和示范工作，为农民和和农业生产经营组织提供公益性农业技术服务。同时规定，县级以上人民政府应当稳定和加强农业技术推广队伍，保障农业技术推广机构的工作经费。各级人民政府应当采取措施，按照国家规定保障和改善从事农业技术推广工作的专业科技人员的工作条件、工资待遇和生活条件，鼓励他们为农业服务。

五是农业科研单位、有关学校、农业技术推广机构以及科技人员，可以向农民提供无偿服务，也可以提供有偿服务。

《农业法》还规定，国家建立农业专业技术人员继续教育制度；国家在农村依法实施义务教育，并保障义务教育经费，包括农村普通中小学教职工工资和校舍等教学设施的建设和维护经费；国家发展农业职业教育，支持农民举办各种科技组织，开展农业实用技术培训、农民绿色证书培训和其他职业培训，提高农民的文化技术素质。

十二、保护农民权益

《农业法》在"总则"中明确规定"国家保护农民和农业生产经营组织的财产及其他合法利益不受侵犯"。"各级人民政府及其有关部门应当采取措施增加农民收入，减轻农民负担"。

一是稳定农村以家庭联产承包经营为基础、统分结合的双层经营体制，依法保障农村土地承包关系长期稳定，保护农民对承包土地的使用权。国家实行农村土地承包经营制度，依法保障农村土地承包关系的长期稳定，保护农民对承包土地的使用权。农村集体经济组织应当在家庭承包经营的基础上，依法管理集体资产，为其成员提供生产、技术、信息等服务，组织合理开发、利用集体资源，壮大经济实力。各级人民政府、农村集体经济组织或者村民委员会在农业和农村经济结构调整、农业产业化经营和土地承包经营权流转等过程中，不得侵犯农民的土地承包经营权，不得干涉农民自主安排的生产经营项目，不得强迫农民购买指定的生产资料或者按指定的渠道销售农产品。

二是采取措施，增加农民收入。任何机关或者单位，向农民或者农业生产经营组织收取行政、事业性费用，必须依据法律、法规的规定；对农民或者农业生产经营组织进行罚款处罚，必须依据法律、法规、规章的规定；不得以任何方式向农民或者农业生产经营组织进行摊派。对没有法律、法规依据的收费，对没有法律、法规、规章依据的罚款，农民和农业生产经营组织有权拒绝。农民和农业生产经营组织有权拒绝任何方式的摊派。

《农业法》还规定，各级人民政府及其有关部门和所属单位不得以任何方式向农民集资，或者向农业生产经营组织集资。国家依法征用农民集体所有的土地，应当保护农民和农村集体经济组织的合法权益，依法给予农民和农村集体经济组织征地补偿，任何单位和个人不得截留、挪用征地补偿费用。

三是禁止强行以资代劳。农村集体经济组织或者村民委员会为发展生产或者兴办公益事业，需要向其成员（村民）筹资筹劳的，应当经成员（村民）会议或者成员（村民）代表会议半数通过后，方可进行。即使经过村民会议或村民代表会议过半数通过的筹资筹劳，也不得超过省级以上人民政府规定的上限控制标准，禁止强行以资代劳。对涉及农民利益的重要事项，应当向农民公开，并定期公布财务账目，接受农民的监督。

四是单位和个人向农民或者农业生产经营组织提供生产、技术、信息、文化、保险等有偿服务，必须坚持农民自愿原则，不得强迫。农产品收购单位在收购农产品时，不得压级压价，不得在支付的价款中非法扣缴任何费用。农业生产资料使用者因生产资料质量问题遭受损失的，由出售该生产资料的经营者先行予以赔偿，赔偿范围包括购货价款、有关费用和可得利益损失。

五是当农民的权益受到侵犯时，为农民提供法律援助。《农业法》规定，违反法律规定，侵犯农民权益的，农民或者农业生产经营组织可以依法申请行政复议或者向人民法院提起诉讼，有关人民政府及其有关部门或者人民法院应当依法受理。人民法院和司法行政主管机关应当依照有关规定为农民提供法律援助。

六是逐步完善农村社会救济制度。保障农村五保户、贫困残疾农民、贫困老年农民和其他丧失劳动能力的农民的基本生活。

十三、保护和改善生态环境

一是确立了保护和改善生态环境的目标。发展农业和农村经济必须合理利用和保护土地、水、森林、草原、野生动植物等自然资源，合理开发和利用水能、沼气、太阳能、风能等可再生能源和清洁能源，发展生态农业，保护和改善生态环境。县级以上人民政府应当制定农业资源区划或者农业资源合理利用和保护的区划，建立农业资源监测制度。

二是对土地资源的利用保护做了进一步规定，明确了各级人民政府的职责和任务。为了更好地保护土地，防止土地沙化，新《农业法》规定，农民和农业生产经营组织应当保养耕地，合理使用化肥、农药、农用薄膜，增加使用有机肥料，采用先进技术，保护和提高地力，防止农用地的污染、破坏和地力衰退。

三是明确了各级人民政府在预防和治理水土流失、土地沙化等方面的责任。新《农业法》规定，各级人民政府应当采取措施，加强小流域治理，预防和治理水土流失。各级人民政府应当采取措施，预防土地沙化，治理沙化土地。国务院和沙化土地所在地区的县级以上地方人民政府应当按照法律规定制定防沙治沙规划，并组织实施。

四是明确了各级人民政府在保护林地、草原、水域及野生动物资源等方面的责任。各级人民政府应当采取措施，组织群众植树造林，保护林地和林木，预防森林火灾，防治森林病虫害，制止滥伐、盗伐林木，提高森林覆盖率。各级农业行政主管部门应当引导农民和农业生产经营组织采取生物措施或者使用高效低毒低残留农药、兽药，防治动植物病、虫、杂草、鼠害。县级以上人民政府应当采取措施，督促有关单位进行治理，防治废水、废气和固体废弃物对农业生态环境的污染。

五是确立了国家对退耕农民、转业渔民提供补助制度。对在国务院批准规划范围内实施退耕的农民，应当按照国家规定予以补助。国家引导、支持从事捕捞业的农（渔）民和农（渔）业生产经营组织从事水产养殖业或者其他职业，对根据当地人民政府统一规划转产转业的农（渔）民，应当按照国家规定予以补助。

十四、加强农业执法队伍建设

为了切实加强对执法活动进行监督，建立健全农业执法体系，全面推进农业依法行政，修订后的《农业法》新增加了"执法监督"一章。

一是明确规定建立符合市场经济发展要求的农业管理体制。县级以上人民政府应当采取措施逐步完善适应社会主义市场经济发展要求的农业行政管理体制。县级以上人民政府农业行政主管部门和有关行政主管部门应当加强规划、指导、管理、协调、监督、服务职责，依法行政，公正执法。

二是明确要求健全农业行政执法队伍，实行综合执法。县级以上地方人民政府农业行政主管部门应当在其职责范围内健全行政执法队伍，实行综合执法，提高执法效率和水平。

三是规范了农业行政执法行为，实行公正执法，文明执法。县级以上人民政府农业行政主管部门及其执法人员履行执法监督检查职责时，有权要求被检查单位或者个人说明情况，提供有关文件、证照、资料；有权责令被检查单位或者个人停止违反本法的行为，履行法定义务。

同时要求，农业行政执法人员在履行监督检查职责时，应当向被检查单位或者个人出示行政执法证件，遵守执法程序。有关单位或者个人应当配合农业行政执法人员依法执行职务，不得拒绝和阻碍。

四是明确了执法与经营活动分开的原则。为了做到公开执法，新《农业法》明确要求，农业行政主管部门与农业生产、经营单位必须在机构、人员、财务上彻底分离。农业行政主管部门及其工作人员不得参与和从事农业生产经营活动。

第三节　农村改革发展的基本目标

为了实现《农业法》巩固和加强农业基础地位的立法目的，实现农村改革发展的基本目标，《农业法》首先规定了"国家把农业放在发展国民经济的首位"基本原则。

党的十七届三中全会通过的《中共中央关于推进农村改革发展若干重大问题的决定》提出，到 2020 年，农村改革发展基本目标任务是：农村经济体制更加健全，城乡经济社会发展一体化体制机制基本建立；现代农业建设取得显著进展，农业综合生产能力明显提高，国家粮食安全和主要农产品供给得到有效保障；农民人均纯收入比 2008 年翻一番，消费水平大幅提升，绝对贫困现象基本消除；农村基层组织建设进一步加强，村民自治制度更加完善，农民民主权利得到切实保障；城乡基本公共服务均等化明显推进，农村文化进一步繁荣，农民基本文化权益得到更好落实，农村人人享有接受良好教育的机会，农村基本生活保障、基本医疗卫生制度更加健全，农村社会管理体系进一步完善；资源节约型、环境友好型农业生产体系基本形成，农村人居和生态环境明显改善，可持续发展能力不断增强。这个美好的前景，就是我们未来的富裕、民主、文明的社会主义新农村。我们要实现的农业和农村的现代化，是可持续发展的经济和社会，是人与自然和谐发展的经济和社会，是一个生产发展、生活富裕、生态良好的文明发展的经济和社会。

第三章　我国的宪法及法律制度

第一节　宪法概述

一、宪法的概念

宪法是国家的根本大法。它以法律的形式规定了国家的根本制度和根本任务，规定了公民的基本权利和义务，集中体现了统治阶级的意志和利益，具有最高的法律效力。全国各族人民、一切国家机关和武装力量、各政党和各社会团体、各企业事业组织，都必须以宪法为根本的活动准则，并且负有维护宪法尊严、保证宪法实施的职责。

二、宪法的特征

在法律效力上，宪法的法律效力最高，宪法是制定普通法律的依据，一切法律、法规都不得与宪法相违背；宪法是一切国家机关、社会团体和全体公民的最高行为准则；宪法在制定和修改程序上，比普通法律严格；宪法是公民权利的保障书。

三、宪法的作用

（一）保障国家权力有序运行，规范和制约国家权力

宪法通过赋予立法、行政、司法等国家机关公共权力，使国家权力在宪法设定的轨道上有序运行，避免国家权力缺位、越位和错位。

（二）确认和保障公民基本权利

在人民主权原则下，宪法是人民共同意志的集中体现，人民通过宪法有效保障自己的基本权利。

（三）调整国家最重要的社会关系，维护社会稳定和国家长治久安

在国家的各种社会关系中，宪法规范和调整的是最重要的关系，如国家与公民的关系、国家机关之间的关系、中央与地方的关系以及其他最重要的政治、经济、文化等方面的关系。因此，宪法作为社会稳定的调节器和安全阀，对于解决各种重大社会矛盾和冲突，保持社会稳定，维护国家长治久安，具有十分重要的意义。

第二节　我国的基本制度

一、人民民主专政制度

（一）人民民主专政的概念

人民民主专政是对人民实行民主与对敌人实行专政的统一。人民民主专政的含义是中国共产党和中华人民共和国始终代表最广大人民的根本利益，可以使用专制的方法来对待敌对势力以维持人民民主政权。人民民主专政制度是我国的国体，我国国家政权的性质是人民民主专政。人民民主专政制度的本质是无产阶级专政，是人民民主和人民对极少数敌对分子专政的有机统一，是新型民主和新型专政的结合。

（二）人民民主专政的主要特色

1. 共产党领导的多党合作

多党合作不是多党制，共产党是执政党，民主党派不是在野党，而是参政党。共产党对民主党派的领导是政治领导，为政治

原则、政治方向和重大方针政策的领导。多党合作的基本方针是"长期共存、互相监督、肝胆相照、荣辱与共"。

2. 政治协商制度

政治协商会议是爱国统一战线的政治表现形式。我国的爱国统一战线具有广泛性，其主体具体包括：全体社会主义劳动者、社会主义事业的建设者、拥护社会主义的爱国者和拥护祖国统一的爱国者。政治协商会议不属于国家机关，其性质就是爱国统一战线的组织。

二、人民代表大会制度

（一）人民代表大会制度的概念

人民代表大会制度是按照民主集中制原则，由选民直接或间接选举代表，组成人民代表大会作为国家权力机关，统一管理国家事务的政治制度。以人民代表大会为基石的人民代表大会制度是我国的根本政治制度。全国人民代表大会是我国的最高国家权力机关，在我国国家机构体系中居于首要地位，其他任何国家机关都不能超越其上，也不能与其并列。全国人民代表大会由各省、自治区、直辖市人民代表大会、军队、香港和澳门特别行政区选出的代表组成。全国人民代表大会代表的名额不超过3 000人。各少数民族都应该有适当名额的代表。人口特别少的民族，至少应有代表1人。全国人民代表大会每届任期五年。

（二）全国人民代表大会的职权

修改宪法；监督宪法的实施；制定和修改刑事、民事、国家机构的和其他的基本法律；选举中华人民共和国主席、副主席；根据中华人民共和国主席的提名，决定国务院总理的人选；根据国务院总理的提名，决定国务院副总理、国务委员、各部部长、各委员会主任、审计长、秘书长的人选；选举中央军事委员会主席；根据中央军事委员会主席的提名，决定中央军事委员会其他组成人员的人选；选举最高人民法院院长；选举最高人民检察院检察长；审查和批准国民经济和社会发展计划及计划执行情况的报告；审查和批准国家预算和预算执行情况的报告；改变或者撤销全国人民代表大会常务委员会不适当的决定；批准省、自治区和直辖市的建制；决定特别行政区的设立及其制度；决定战争和和平的问题；应当由最高国家权力机关行使的其他职权。全国人民代表大会有权罢免下列人员：中华人民共和国主席、副主席；国务院总理、副总理、国务委员、各部部长、各委员会主任、审计长、秘书长；中央军事委员会主席和中央军事委员会其他组成人员；最高人民法院院长；最高人民检察院检察长。

三、基本经济制度

我国基本经济制度是指公有制为主体，多种所有制经济共同发展的经济制度。生产资料公有制是社会主义的根本经济特征，是社会主义经济制度的基础。公有制经济是我国社会主义市场经济的主体。非公有制经济是我国社会主义市场经济的重要组成部分，包括个体经济、私营经济、三资企业。

四、民族区域自治制度

民族区域自治制度是指在国家的统一领导下，以少数民族聚居区为基础，建立相应的自治地方，设立自治机关，行使自治权，实行区域自治的民族的人民自主地管理本民族的地方性事务的制度。民族区域自治制度是我国的基本政治制度之一，是建设中国特色社会主义政治的重要内容。民族自治地方自治机关的自治权包括：制定自治条例和单行条例；根据当地民族的实际情况，贯彻执行国家的法律和政策；自主管理地方财政；自主管理地方经济建设；自主管理教育、科学、文化、卫生、体育事业；组织维护社会治安的公安部队；使用本民族语言文字；少数民族

干部具有任用优先权。

第三节　我国公民的基本权利和义务

一、公民的基本权利

公民的基本权利有：中华人民共和国公民有言论、出版、集会、结社、游行、示威的自由；中华人民共和国公民有宗教信仰自由；中华人民共和国公民的人身自由不受侵犯。中华人民共和国公民的人格尊严不受侵犯。禁止用任何方法对公民进行侮辱、诽谤和诬告陷害；中华人民共和国公民的住宅不受侵犯。禁止非法搜查或者非法侵入公民的住宅；中华人民共和国公民的通信自由和通信秘密受法律保护。除因国家安全或者追查刑事犯罪的需要，由公安机关或者检察机关依照法律规定的程序对通信进行检查外，任何组织或者个人不得以任何理由侵犯公民的通信自由和通信秘密；中华人民共和国公民对于任何国家机关和国家工作人员，有提出批评和建议的权利；对于任何国家机关和国家工作人员的违法失职行为，有向有关国家机关提出申诉、控告或者检举的权利，但是不得捏造或者歪曲事实进行诬告陷害；中华人民共和国公民有劳动的权利；中华人民共和国劳动者有休息的权利；国家依照法律规定实行企业事业组织的职工和国家机关工作人员的退休制度。退休人员的生活受到国家和社会的保障；中华人民共和国公民在年老、疾病或者丧失劳动能力的情况下，有从国家和社会获得物质帮助的权利；中华人民共和国公民有受教育的权利；中华人民共和国妇女在政治的、经济的、文化的、社会的和家庭的生活等各方面享有同男子平等的权利。

二、公民的基本义务

公民的基本义务：夫妻双方有实行计划生育的义务；中华人民共和国公民在行使自由和权利的时候，不得损害国家的、社会的、集体的利益和其他公民的合法的自由和权利；中华人民共和国公民有维护国家统一和全国各民族团结的义务；劳动也是公民依法应尽的一种义务，凡是有劳动能力的人都应该通过自己的劳动来丰衣足食；受教育是公民必须遵守的法定义务，每个学龄儿童都应该接受九年义务教育；中华人民共和国公民有遵守宪法和法律，保守国家秘密，爱护公共财产，遵守劳动纪律，遵守公共秩序，尊重社会公德的义务；中华人民共和国公民有维护祖国的安全、荣誉和利益的义务，不得有危害祖国的安全、荣誉和利益的行为；保卫祖国、抵抗侵略是中华人民共和国每一个公民的神圣职责；依照法律服兵役和参加民兵组织是中华人民共和国公民的光荣义务；中华人民共和国公民有依照法律纳税的义务。

第四节　我国的国家机构

一、全国人民代表大会

中华人民共和国全国人民代表大会是最高国家权力机关。它的常设机关是全国人民代表大会常务委员会。全国人民代表大会和全国人民代表大会常务委员会行使国家立法权。

二、中华人民共和国主席

中华人民共和国主席是我国国家机构的重要组成部分，是一个独立的国家机关，对内对外代表国家。国家主席是我国的国家元首，依法行使宪法规定的国家主席的职权。中华人民共和国主席、副主席由全国人民代表大会选举。有选举权和被选举权的年满四十五周岁的中华人民共和国公民可以被选为中华人民共和国主席、副主席。中华人民共和国主席根据全国人民代表大会的决定和全国人民代表大会常务委员会的决定，公布法律，任免国务院总理、副总理、国务委员、各部部长、各委员会主任、审计长、秘书长，授予国家的勋章和荣誉称号，发布特赦令，宣布进入紧急状态，宣布战争状态，发布动员令。

三、中华人民共和国国务院

中华人民共和国国务院，即中央人民政府，是最高国家权力机关的执行机关，是最高国家行政机关，由总理、副总理、国务委员、各部部长、各委员会主任、人民银行行长、审计长、秘书长组成。国务院实行总理负责制。各部、各委员会实行部长、主任负责制。

四、中华人民共和国中央军事委员会

中华人民共和国中央军事委员会是全国武装力量的最高领导机关。中央军事委员会由主席，副主席若干人，委员若干人组成。中央军事委员会实行主席负责制。中央军事委员会主席对全国人民代表大会和全国人民代表大会常务委员会负责。

五、地方各级人民代表大会和地方各级人民政府

省、自治区、直辖市、自治州、设区的市的人民代表大会代表由下一级的人民代表大会选举产生；县、自治县、不设区的市、市辖区、乡、民族乡、镇的人民代表大会由选民直接选举产生。

地方各级人民政府是地方各级国家权力机关的执行机关，是地方各级国家行政机关。全国地方各级人民政府都是国务院统一

领导下的国家行政机关。

六、人民法院和人民检察院

中华人民共和国人民法院是国家的审判机关。中华人民共和国设立最高人民法院、地方各级人民法院和军事法院。最高人民法院是最高审判机关。最高人民法院监督地方各级人民法院和专门人民法院的审判工作，上级人民法院监督下级人民法院的审判工作。最高人民法院对全国人民代表大会和全国人民代表大会常务委员会负责。地方各级人民法院对产生它的国家权力机关负责。

中华人民共和国人民检察院是国家的法律监督机关。中华人民共和国设立最高人民检察院、地方各级人民检察院和军事检察院。最高人民检察院是最高检察机关。最高人民检察院领导地方各级人民检察院和专门人民检察院的工作，上级人民检察院领导下级人民检察院的工作。最高人民检察院对全国人民代表大会和全国人民代表大会常务委员会负责。地方各级人民检察院对产生它的国家权力机关和上级人民检察院负责。

第四章　行政法律制度

第一节　行政法概述

一、行政与行政权

行政是指国家行政机关或依法享有行政权的组织对国家事务或公共事务的决策、组织、管理和控制。行政具有如下特征：行政活动的实施主体是国家行政机关或其他依法享有行政权的组织；现代行政已不限于管理国家事务，还越来越广泛地管理公共事务；行政活动的目的是为了实现对国家与公共事务的组织管理；行政活动的方法和手段是决策、组织、管理和调控。

行政权是国家宪法、法律赋予国家行政机关执行法律规范、实施行政管理活动的权力，是国家政权的组成部分。行政权的特征是：行政权来源于国家宪法和法律，宪法和法律是行政权存在和行使的合法基础；行政权由国家行政机关代表国家行使；行政权是国家治理和服务社会的公共权力的一种，并带有强制和命令的性质。

二、行政法的概念和特征

行政法是关于行政权力的授予、行使、对行政权力进行监督和对其后果予以补救的法律规范的总称。行政法的特征有：行政法是设定行政权力的法律规范。如规定哪一类行政组织享有何种行政权力、权力的的范围有多大、权力的界限如何等问题；行政法是规范如何运用和行使行政权力的法。它在保证行使行政权力的同时，也要防止出现侵害公民、法人或者其他组织合法权益的现象；行政法是监督行政权力的法；行政法是对行政权力产生的后果进行补救的法。行政权力是公权力，享有诸多特权，如果发生违法行使行政权力，受害人可能遭受到更大的损害后果。为此，必须对行使行政权力产生的后果予以补救。

三、行政主体

（一）行政主体的概念

行政主体是指依法享有行政权力，能以自己的名义行使行政权，做出影响行政相对人权利义务的行政行为，并能独立承担由此产生的相应法律责任的社会组织。行政主体包括行政机关和被授权的组织。其中，国家行政机关是最主要的行政主体。行政相对人指行政机关作出行为指向的对象。包括三个主体：公民、法人和其他组织。

（二）行政机关

行政机关是指依宪法和国家组织法的规定设置的，行使国家行政职权，负责对国家各项行政事务进行组织、管理、监督和指挥的国家机关。行政机关包括以下三种。

1. 一般行政机关（一级政府）

一级政府有：国务院，省级政府（省、自治区、直辖市），市级政府（自治州、设区的市），县级政府（县，不设区的市，市辖区等），乡级政府（乡、镇、民族乡）。

2. 专门行政机关（工作部门或职能部门）

是一级政府下行使对外职权的工作部门，比如，某某局。不能对外行使职权的部分叫内部机构。比如，某某办公室。国务院、省政府、市政府、县政府都有工作部门，乡政府没有工作部门。

3. 派出行政机关

分为行政公署、区公所、街道办事处。省、自治区的人民政府在必要的时候，经国务院批准，可以设立若干派出机关（行政公署）。撤地改市以后，多数地区都没有行政公署了。县、自治县的人民政府在必要的时候，经省、自治区、直辖市的人民政府批准，可以设立若干区公所，作为它的派出机关。区公所逐渐被撤销了。市辖区、不设区的市的人民政府，经上一级人民政府批准，可以设立若干街道办事处，作为它的派出机关。随着城市化的发展，街道办事处数量不断增加，街道办事处相当于城市里的"乡政府"。

（三）实施行政职能的非政府组织

行政职权除由国家行政机关行使外，其他非国家行政机关的组织经法律、法规授权或行政机关的委托，也可以行使一定的行政职权。实施行政职能的非政府组织主要包括：被授权组织、被委托组织。

1. 法律、法规、规章授权的组织

任何组织理论上都可以被授权，常见的有：①事业单位。②企业组织。公用企业，如邮电公司、铁路运输公司、煤气公司和自来水公司等；金融企业，如银行没收假币的行为；全国性公司，如烟草公司。③社会团体，如律师协会、会计师协会、工会等。④基层群众性自治组织：如居委会、村委会等。

2. 行政机关委托的组织

任何组织都可以被委托。区分是授权与委托关键是看权力来源，权力来源于法律、法规、规章就是授权，来源其他就是委托。常见的被委托组织，如治安联防队，税收代扣代缴人。

第二节　行政行为、行政程序与行政复议

一、行政行为

行政行为是指行政主体实施行政管理活动、行使行政职能过

程中所作出的具有法律意义并产生行政法律效果的行为。行政行为是行政诉讼的标的，其判断标准是：一是须为行政主体，相对人和法院不是行政主体；二是行使行政职权；三是产生一定的法律后果。

（一）抽象行政行为

抽象行政行为是指国家行政机关，依据法定权限和程序，制定、修改和废止行政法规、规章和具有普遍约束力的决定、命令等。

法律规范的效力适用规则是宪法最高，法律高于行政法规、地方性法规、规章，行政法规高于地方性法规、规章，地方性法规高于本级和下级地方政府规章，省级政府规章的效力高于本行政区域内的较大的市的政府的规章，部门规章之间、部门规章与地方规章之间具有等同效力，部门规章之间、部门规章与地方规章之间具有同等效力。

冲突适用规则是同一制定主体的法律、行政法规、地方性法规、自治条例和单行条例、规章发生冲突，特别法优于一般法，新法优于旧法，若新的一般规定和旧的特别规定相冲突，由制定机关裁决。不同主体制定的法律、行政法规、地方性法规、自治条例和单行条例、规章发生冲突，授权制定的法规，若与法律相冲突，由制定机关裁决；部门规章之间，部门规章与地方规章之间冲突，由国务院裁决。地方性法规与部门规章冲突，国务院提出意见认为适用地方性法规就适用地方性法规，但国务院认为适用部门规章的，需报全国人大常委会裁决。

全国人大可以授权国务院制定行政法规，也可以授权经济特区制定地方性法规。任何组织和个人认为规章抵触法律、行政法规，可以向国务院书面提出审查的建议，由国务院法制办处理。对较大的市的规章，也可以向本省政府提出，由省法制办处理。

（二）具体行政行为

具体行政行为是指行政主体针对特定的对象，就特定事项设定权利、义务而作出具体处理决定的行为。

具体行政行为的一般合法要件有：事实证据确凿；适用法律正确；符合法定程序。严重违反程序是不合法的，但一般的违反程序是合法的，即有瑕疵，可以通过程序的补充和改正来解决；没有超越职权；没有滥用职权。滥用职权，是指严重的不合理，视为不合法。

具体行政行为的类型。

（1）行政监督检查，可以分为对行政机关的监督检查和对公民、法人和其他组织的监督检查。行政监督检查的的职权有：进入权、查阅权、复制权，索取资料权，搜查权，检察权。

（2）行政征收与征用。行政征收是国家取得财产所有权的重要方式，是行政主体凭借国家行政权，根据国家和社会公共利益的需要，依法向行政相对人强制的征收税、费或者实物的行政行为。行政征收具有强制性，法定性和无偿性。

行政征用是指国家通过行政主体对非国家所有的财物进行强制有偿地征购和使用。具有强制性、有偿性、法定性、可诉性和限制性。

（3）行政裁决：是指行政机关根据法律授权，主持解决当事人之间发生的与行政管理事项密切相关的特定的民事纠纷的活动。行政裁决的特点有：行政裁决的主体是国家行政机关，是行政机关居间解决有关民事纠纷的活动，是一种准司法程序，行政裁决的职权来源于法律的明确授权。

（4）行政确认：是行政主体依法对行政相对人的法律地位、法律关系或者有关法律事实进行甄别，给予确认、认可、证明或否定并予以宣告的具体行政行为。

（5）行政奖励：行政机关对有重大贡献的相对人应给予物

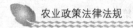

质或精神奖励。

二、行政程序与政府信息公开

(一) 行政程序概述

1. 行政程序概念

行政程序是指行政主体实施行政行为的方式、步骤、顺序和时限的总和。行政程序具有对行政权的事前控制、多样性和分散性的特点。行政程序具有扩大行使公民参政权的途径、保护行政相对人的程序权益、提高行政效率、监督行政主体依法行使职权等重要意义。

2. 行政程序的分类

行政程序分为：行政立法程序；计划程序；具体行政行为程序，如许可、处罚等；行政指导程序；行政合同程序，包括政府采购程序。

3. 行政程序原则

公开原则。除涉及国家秘密、商业秘密和个人隐私外，行政活动应当一律公开；公正、公平原则。行政程序旨在平等对待所有相对人，不偏私，不歧视；当事人参与原则。在行政机关做出不利行政决定之前，应当给予行政当事人陈述事实、申辩理由的权利和机会；效率原则。行政程序既要满足保护相对人的合法权益，又要提高行政效率，提供优质公共服务。

(二) 行政程序的基本制度

1. 听证制度

指行政主体听取行政相对人或争议当事人意见，听证制度是现代行政制度的核心。

2. 说明理由制度

行政机关行使裁量权和作出不利于当事人的决定，要说明理由。

3. 行政案卷制度

行政案卷是有关案件事实的证据、调查或者听证记录等案卷材料。行政机关只能以行政案卷体现的事实为根据。

（三）政府信息公开

1. 政府信息公开的概念

政府信息是指行政机关在履行职责过程中制作或者获取的，以一定形式记录、保存的信息。政府信息公开指公民、组织对行政机关在行使职权的过程中掌握或控制的信息拥有知情权，除法律明确规定的不予公开事项外，行政机关应当通过有效方式向公众和当事人公开。信息公开制度是指行政机关向行政相对人公开政府文件、档案材料和其他政府信息的制度，除涉及国家秘密和依法受保护的商业秘密、个人隐私外，行政机关实施行政管理应当公开，以实现公民的知情权、了解权。

2. 政府信息公开具有重要意义

推行政府信息公开，让公众了解政府运作所需要掌握的资料，是公众行使对政府和国家管理活动的参与权和监督权的前提，是社会主义民主政治的核心内容之一。政府信息公开可以将政府的活动置于公众的监督之下，可以推进行政的公正，对防止腐败具有重要作用。

3. 公开的范围、方式与程序

（1）主动公开。公开范围：涉及公民、法人或者其他组织切身利益的；需要社会公众广泛知晓或者参与的；反映本行政机关机构设置、职能、办事程序等情况的；其他依照法律、法规和国家有关规定应当主动公开的。

方式与程序：通过政府公报、政府网站、新闻发布会以及报刊、广播、电视等便于公众知晓的方式公开；各级人民政府应当在国家档案馆、公共图书馆设置政府信息查阅场所，并向其提供主动公开的政府信息。

（2）申请公开。公开范围：公民、法人或者其他组织还可以根据自身生产、生活、科研等特殊需要，向国务院部门、地方各级政府及县级以上地方政府部门申请获取相关政府信息。

方式与程序：应当采用书面形式（包括数据电文形式）。确有困难的，可以口头提出，由行政机关代为填写；涉及商业秘密、个人隐私，公开后可能损害第三方合法权益的，应当书面征求第三方的意见；申请提供与其自身相关的税费缴纳、社会保障、医疗卫生等政府信息的，应当出示有效身份证件或者证明文件；行政机关应当按照申请人要求的形式予以提供，无法提供的，其他形式也可；行政机关可以收取检索、复制、邮寄等成本费用。

三、行政复议

（一）行政复议的概念和原则

1. 行政复议的概念

指公民、法人或其他组织认为行政机关的具体行政行为侵犯其合法权益而依法向上一级行政机关或法律、法规规定的其他机关提出申诉，由受理机关对具体行政行为进行复查、认定、评价并作出决定的一种行政行为。行政复议是在行政机关系统内解决行政争议的一项重要法律制度。行政复议具有以下特点：监督性，上级对下级的监督；非诉性；层级性，不能越级提出；救济性；准司法性。

2. 行政复议的基本原则

①合法。复议活动必须服从法律，合法性是取得公众信任的根本保证，也是其他基本原则的基础。②公平。公平原则是对行政复议活动过程和结果的基本要求，它要求禁止对任何一方当事人的偏私与袒护，平等对待申请人和被申请人。③公开。公开原则是对行政复议方式的基本规定，行政复议机关应当满足和保障

当事人和公众的了解权、监督权，行政复议活动应当为公众所了解，接受当事人和公众的监督。④及时。及时原则是效率原则，指行政复议机关处理案件应当程序简单、时间短暂，以使较快解决行政争议。⑤便民。便民原则是指行政复议应当尽量减少当事人在行政复议中的支出，以最少的付出获得最有效的权利救济。

（二）行政复议范围

1. 对具体行政行为申请复议

①对行政机关作出的警告、罚款、没收非法财物、责令停产停业、暂扣或吊销许可证、暂扣或吊销执照、行政拘留等行政处罚决定不服的。②对行政机关作出的限制人身自由或者查封、扣押、冻结财产等行政强制措施决定不服的。③对行政机关作出的有关许可证、执照、资质证、资格证等证书变更、中止、撤销的决定不服的。④对行政机关作出的关于确认土地、矿藏、水流、森林、山岭、草原、荒地、滩涂、海域等自然资源的所有权或使用权不服的。⑤认为行政机关侵犯企业经营自主权的。由于我国计划经济体制根深蒂固，政企不分，从而导致政府经常非法干预企业的经营事务，常见的有：分立合并，撤换企业的法定代表人，改变企业的性质或隶属关系，变卖或责令破产。⑥认为行政机关变更或废止农业承包合同，侵犯其合法权益的。⑦认为行政机关违法集资、征收财物、摊派费用或违法要求履行其他义务的。⑧认为符合法定条件，申请行政机关颁发许可证、执照、资质证、资格证等证书，或申请行政机关审批，等级有关事项，行政机关没有依法办理的。⑨申请行政机关履行保护人身权利、财产权利、受教育权利的法定职责，行政机关没有依法履行的。⑩申请行政机关依法发放抚恤金、社会保险金或最低生活保障费，行政机关没有依法发放的。⑪认为行政机关的其他具体行政行为侵犯其合法权益的。

2. 对抽象行政行为申请复议

根据规定，公民、法人或其他组织在申请行政复议时，可一并提出对具体行政行为所依据的有关规定的审查申请。"一并"则意味着有关规定必须是原具体行政行为的依据，且是被申请人在行政程序中作出该具体行政行为时引用的规定，申请人可以要求复议机关对其进行审查。

公民、法人或其他组织在申请行政复议时，一并提出对有关规定的审查申请的，行政复议机关对该规定有权处理的，应当在30日内依法处理；无权处理的，应当在7日内按照法定程序转送有权处理的行政机关依法处理，有权处理的机关应当在60日内依法处理。处理期间，中止对具体行政行为的审查。

（三）行政复议参加人和行政复议机关

1. 申请人

申请人就是具体行政行为的利害关系人，包括相对人和相关人。比如，甲打乙，行政机关处罚了甲，那么甲是相对人，乙是相关人。

2. 被申请人

被申请人就是行政主体，即谁作出权力谁就是被申请人。如果独立的一个行政机关作出具体行政行为，则独立的该机关为被申请人；如果共同的几个行政机关作出具体行政行为，则它们作为共同的被申请人。行政机关设立的派出机构（内部机构）、内设机构（内部机构）或者其他组织（内部机构），未经法律、法规授权，对外以自己名义作出具体行政行为的，该行政机关为被申请人。

3. 第三人

行政复议第三人是同被申请的具体行政行为有利害关系，参加行政复议的其他公民、法人或者组织。

4. 行政复议机关

行政复议机关为被申请人的上一级行政机关。行政复议管辖，是指各行政复议机关受理复议申请的权限和分工。即行政相对人提起行政复议申请后，应由哪一个行政机关来行使行政复议权。行政复议机构是行政复议机关中负责法制工作的机构。行政复议机构是一个内部机构，不能做出外部决定。行政复议管辖总的原则是由作出被申请复议的行政机关的上一级行政机关管辖。在确定管辖时，首先明确复议的被申请人，有管辖权的是被申请人的上一级行政机关。

第三节 国家赔偿与行政赔偿

一、国家赔偿

国家赔偿是国家对国家机关及其工作人员违法行使职权造成的损害给予受害人赔偿的活动。国家赔偿责任是一项法律责任制度，是国家对国家机关及其工作人员违法行使职权造成损害给予赔偿的法律责任。国家赔偿具有以下特征：一是赔偿义务机关是国家机关或法律法规授权的组织。二是赔偿范围特定。国家赔偿分为行政赔偿与司法赔偿，二者的范围均由法律明确规定。行政赔偿范围又分为：具体行政行为造成的损害，行政机关工作人员行使职权时，以殴打等暴力行为或违法使用武器、警械造成的损害。司法赔偿分为：错拘错捕错判行为引起的赔偿。违法采取强制措施引起的赔偿。违法的事实行为引起的赔偿，如刑讯逼供等。三是赔偿的途径多渠道。受害人请求行政赔偿，可以通过向行政赔偿义务机关提出，也可以通过行政复议、行政诉讼、行政赔偿诉讼等多渠道实现。

受害人请求司法赔偿可以向赔偿义务机关提出；不服赔偿义务机关决定的，还可通过向上级机关或法院赔偿委员会申请复议的方式实现赔偿请求。

二、行政赔偿

行政赔偿是指国家行政机关或者行政机关的工作人员，在行使职权时违法，侵犯了公民、法人或者其他组织的合法权益，并造成了损害，由行政机关作为赔偿义务机关对造成的损害履行赔偿义务。行政诉讼法第 67 条规定："公民法人或者其他组织的合法权益受到行政机关或者行政机关工作人员做出的具体行政行为侵犯造成损害的，有权请求赔偿"。单独提出赔偿请求的，应先由行政机关解决。对行政机关的处理不服，才可以向人民法院起诉，也可以在提起行政诉讼时，一并提出行政赔偿请求。

《中华人民共和国国家赔偿法》规定，行政机关及其工作人员在行使行政职权时有下列侵犯人身权和财产权情形之一的，受害人有取得赔偿的权利：违法拘留或者违法采取限制公民人身自由的行政强制措施的；非法拘禁或者以其他方法非法剥夺公民人身自由的；以殴打暴力行为或者唆使他人以殴打等暴力行为造成公民身体伤害或者死亡的；违法使用武器、警械造成公民身体伤害或者死亡的；造成公民身体伤害或者死亡的其他违法行为；违法实施罚款、吊销许可证和执照、责令停产停业、没收财物等行政处罚的；违法对财产采取查封、扣押、冻结等行政强制措施的；违反国家规定征收财物、摊派费用的；造成财产损害的其他违法行为。

根据立法精神和解释，不予赔偿的事项有：立法或其他抽象行为，包括人民代表大会的立法、行政立法和司法立法行为；军事行为；不可抗力造成的损害；正当防卫；紧急避险；国有的铁路、民航、医院、电信等国企在其业务中造成的损害等。

三、国家赔偿方式、标准和费用

（一）国家赔偿方式

国家赔偿以金钱赔偿为主要方式，以返还财产、恢复原状为补充。国家赔偿法还规定了恢复名誉、赔礼道歉、消除影响等方式，但仅适用于下列情形：行政机关违法拘留或者违法采取限制人身自由的行政强制措施，侵犯受害人名誉权和荣誉权的；行政机关非法拘留或者以其他方式非法剥夺公民人身自由，侵犯受害人名誉权和荣誉权的；行使侦查、检察、审判权的国家机关对没有犯罪事实的人错误逮捕，侵犯受害人名誉权和荣誉权的；依照审判监督程序再审改无罪，原判刑罚已经执行完毕并致受害人名誉权和荣誉权损害的。

（二）计算标准

国家赔偿法规定赔偿标准的原则是，既要使受害人所受到的损失得到适当的弥补，又要考虑国家的经济和财力负担状况。

1. 侵犯公民人身自由权

侵犯公民人身自由的，每日的赔偿金按照国家上年度职工日平均工资计算。

2. 侵犯公民生命健康权

赔偿金按照下列规定计算：①造成身体损害的，应当支付医疗费，以及赔偿因误工减少的收入。减少的收入每日的赔偿金按照国家上年度职工日平均工资计算，最高额为国家上年度职工年平均工资的5倍。②造成部分或全部丧失劳动能力的，应当支付医疗费以及残疾赔偿金。残疾赔偿金根据丧失劳动能力的程度确定，部分丧失劳动能力的最高额为国家上年度职工年平均工资的10倍；全部丧失劳动能力的为国家上年度职工年平均工资的20倍；造成全部丧失劳动能力的，对其扶养的无劳动能力的人，应当支付生活费。③造成死亡的，应当支付死亡赔偿金、丧葬费，总额为国家上年度职工年平均工资的20倍。对死者生前扶养的无劳动能力的人，还应当支付生活费。

3. 财产权损害赔偿

①罚款、罚金、追缴、没收财产或者违反国家规定征收财

物，摊派费用的赔偿。对于罚款、罚金、追缴、没收财产侵犯公民、法人和其他组织财产权的，或者违反国家规定，征收财物、摊派费用的行为，属于物之失去控制，与之相适应的最好赔偿是返还财产。②查封、扣压、冻结财产造成的赔偿。查封、扣压、冻结财产的，应当解除对财产的查封、扣押、冻结，应当返还财产损坏的，能够恢复原状的恢复原状，不能恢复原状的，国家承担赔偿责任，按照损害程度给付相应的赔偿金。应当返还的财产灭失的，给付相应的赔偿金。③财产已经拍卖的赔偿。国家机关及其工作人员对财产实行违法强制措施后，如果对财产已经进行了拍卖，原物已经不存在或已为他人所有，恢复原状已不可能，便应给予金钱赔偿。对已拍卖财产的赔偿，国家赔偿法规定是给付拍卖所得价款。

4. 吊销许可证和执照、责令停产、停业的损害赔偿

吊销许可证和执照、责令停产停业造成损害的，赔偿停产停业期间必要的经常性费用开支。

5. 财产权其他损害赔偿

对财产权造成损害的，按照直接损失给予赔偿。

第五章　经济法律制度和环境法律制度

第一节　经济法概述

一、经济法的概念

经济法指调整国家与经济组织、事业单位、社会团体、公民之间发生的以社会公共性为特征的经济管理关系的法律规范的总称。

一般认为，现代意义上的经济法产生于第二次世界大战之后的德国。联邦德国为了迅速恢复和发展濒于崩溃的本国经济，加强了政府对经济生活的干预，制定了一系列的法律、法规，即所谓经济法。经济法作为一种新型的调控手段，对德国经济的恢复和发展起了推动作用。此后，日本等国家仿效德国的做法，通过制定经济法律的办法，加强了政府对经济生活的干预，也取得了明显的积极效果。

中国的经济法，同样是社会经济发展到一定阶段的产物。改革开放以来，全国人大及其常委会和国务院制定和颁布了一系列的经济法律、法规，包括调整宏观经济管理关系的宏观调控法，如《预算法》《中国人民银行法》《价格法》和有关的税收法律、法规等；调整市场管理关系的市场管理法，如《反对不正当竞争法》《消费者权护法》《产品质量法》等；调整对外经济关系的对外经济法，如《对外贸易法》《中外合资经营企业法》《外汇管理条例》等。

经济法在中国是—个新兴的法律部门，在社会义市场经济法律体系中已经占据基本法的重要位置。中国加强经济立法和执法工作的实践证明，经济法在实现国家的宏观经济调控目标、保护正当和公平竞争、维护社会经济秩序以及保护国家、经济组织和公民的合法权益、保障和促进国民经济持续、稳定和健康发展等方面，发挥着重要作用。

二、经济法调整对象

（一）确认市场主体法律地位所产生的经济关系

法律地位是指市场主体参加市场活动时在法律上所享有的主体资格。确认市场主体法律地位所产生经济关系，有国有资产管理法，公司法，国有企业法，合伙企业法，个人独资企业法，外商投资企业法等。

（二）国家干预市场经济运行过程中发生的经济关系

国家对市场经济运行进行干预是经济法的重要调整方式。这方面的法律有证券法、票据法、破产法、金融法、保险法、房地产法、环境法、自然资源法等。

（三）国家管理、规范经济秩序过程中发生的经济关系

此种经济关系的特点是国家对市场经济运行实行宏观调控，使经济各部门运行协调，使整个国家经济运行平稳。这方面的法律有反垄断法、反不正当竞争法、消费者权益保障法和产品质量法。

（四）国家在经济调控中发生的经济关系

此种经济关系的特点是国家对市场经济运行实行宏观调控，使经济各部门运行协调，使整个国家经济运行平稳。这方面的法律有财政法、税法、计划法、产业政策法、价格法、会计法和审计法等。

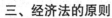

三、经济法的原则

（一）营造平衡和谐的社会经济环境

在当前和平与发展成为国际主旋律的背景下，各国管理社会公共事务的职能日益突出，要实现经济社会可持续发展就必须有一个良好的环境，既包括良好的自然生态环境，实现人与自然的和谐相处，也包括平衡和谐的社会经济环境。

（二）合理分配经济资源

实现资源的优化配置和防止贫富两极严重分化是合理分配经济资源原则的两个不可或缺的方面。实现资源的优化配置侧重于经济的发展。防止贫富两极严重分化侧重于社会的稳定，是社会公平的最终体现。

（三）保障经济社会可持续发展

可持续发展始于20世纪80年代，20世纪90年代中后期在中国上升到一种治国方略的高度。提出可持续发展是人类认识论上又一次具有革命性意义的突破，这一思想强调的不仅是人的发展与自然环境的和谐，更是人的发展与社会环境的和谐，也唯有人与环境的和谐发展才能实现人类自身的可持续发展。

第二节 企业法

一、企业法概述

（一）企业法的概念

企业法，是指调整企业在设立、组织形式、管理和运行过程中发生的经济关系的法律规范的总称。从法律的角度讲，企业是依法成立，具有一定的组织形式，独立从事商品生产经营、服务活动的经济组织。企业法是以确认企业法律地位为主旨的法律体系，因此，广义企业法应当是规范各种类型企业的法律规范的总体。包括按企业资产组织形式划分的公司、合伙企业和独资企业；也包括按照所有制形式划分的国有企业、集体企业和私营企业；以及包括按照有无涉外因素划分的内资企业和外商投资企业等。

（二）企业法的发展

1. 古典企业法律制度

古典企业法律制度是指中世纪到 17 世纪的独资和合伙的企业法律制度。独资企业又称业主制企业，是历史上最早出现的企业制度，并在相当范围内存在，具有很强的生命力，即便在今天，它在世界各国也还存在，只是在不同的时期，其地位、作用不一样。在中世纪到 17 世纪，资本主义生产方式产生这段历史时期内，独资企业一直占据着十分重要的地位。独资企业也有其局限性，最明显的就是独资企业受业主的资金和经营管理能力的限制，使其难以扩大规模，对有些需要较大投资资金的工程项目、行业，它无能为力，并且受业主经营管理能力和人的生命长短的限制，独资企业往往不能长久。这就给合伙企业的发展留下了广阔的空间。

2. 合伙企业法律制度

合伙企业制度不是在独资企业制度失去其统治地位后才出现的，它是作为古典企业制度形态之一与独资企业制度并存。当时。合伙企业的形式有：一是船舶共有。从事海上贸易，需要巨额资金且风险很大，人们便共筹资金，共担风险，共同拥有船舶及合伙从事海上贸易，形成船舶共有的企业形式。二是康枚达契约。依康枚达契约，不愿意或无法直接从事海上冒险的人，将金钱或货物委托给船舶所有者或其他人，由其进行航海和交易活动，所获利润由双方按约定的方法分配，委托人仅以委托的财物为限承担风险。由此变形成一种原始的企业形态。即经营者依其信用由他人处获得资本，出资者将资金委托他人经营而分享利润。这就是后来的两合公司或有限合伙的雏形。三是家族经营或家庭企业。在封建社会，身份、血缘关系在社会生活中居于主导地们，家族成员间的合伙，必然优先于异姓间的合伙，也就形成了家族经营体。

随着商业的发达，在地中海地区出现了 5 个商业城市，在城市中聚集着各地的商人，这些商人凭借手中的经济实力，逐渐从封建领主那里获得了某些特权。他们组成了商人"基尔特"组织，管理着商人们的活动，并且根据特许的自治权和裁判权，订立自治规约和处理商人之间的纠纷。这些活动就产生了最早的商人习惯法。它主要包括买卖、证券交易、海商、破产等方面的内容。与此相适应，商人"基尔特"的裁判权逐渐发展成为商事法庭。到公元 11—14 世纪，这些商人习惯法和商事法庭的判例由商人汇编成册，形成商人法典。

3. 现代企业制度

从广义上讲，所谓现代企业制度，是在现代市场经济条件下运行的企业制度，也就是所有作为现代市场经济载体的企业都是现代企业，包括公司、合伙和独资企业等，而以公司为基本形态，公司是大中型企业的法律形态，合伙企业和独资企业是小型企业的法律形态。

从狭义上讲，现代企业制度是古典企业制度（即早期的独资企业、合伙企业）的对称，是在现代市场经济体制下产生的企业形态，是 20 世纪末期以来在发达的市场经济中逐渐发展起来，并在当代世界发达市场经济中占主导地位的以股份公司和有限责任公司为代表的现代企业制度。

现代企业制度的初步确立是在 19 世纪中期，起源于 17 世纪初，其间经历了 200 多年的演变发展。值得注意的是，与古典企业制度的发展不一样，现代企业制度或者说公司企业制度的兴起、发展不仅是在罗马德意志法系国家，而是一次世界范围的活动。那些普通法系国家如英国、美国也先后制定了各种公司法引导国内迅速发展的创立公司的热潮。

二、有限责任公司

（一）有限责任公司的概念

有限责任公司，又称"有限公司"。指由 50 人以下股东共同出资，每个股东以其所任缴的出资额对公司承担有限责任，公司以其全部资产对其债务承担责任的企业法人。有限责任公司具备如下法律特征：有限责任公司是企业法人，公司的股东以其出资额对公司承担责任，公司以其全部资产对公司的债务承担责任；股东人数为 50 人以下；有限责任公司是资合公司，但同时具有较强的人合因素；公司股东人数有限，一般相互认识，具有一定程度的信任感，其股份转让受到一定限制，向股东以外的人转让股份须得到其他股东过半数同意；有限责任公司不能向社会公开募集公司资本，不能发行股票。

（二）设立有限责任公司的条件

1. 股东资格和人数

除国有独资公司外，自然人和法人都可以成为股东，有限责任公司由 50 个以下股东出资设立。

2. 股东出资要求

（1）最低注册资本：有限责任公司注册资本的最低限额为人民币 3 万元。法律、行政法规对有限责任公司注册资本的最低限额有较高规定的，从其规定。

（2）出资形式：股东可以用货币出资，也可以用实物、知识产权、土地使用权等可以用货币估价并可以依法转让的非货币财产作价出资。但是，法律、行政法规规定不得作为出资的财产除外。不得作为出资形式的有：劳务、信用、自然人姓名、商誉、特许经营权和设定担保的财产。

（3）资本制：有限责任公司的注册资本为在公司登记机关登记的全体股东认缴的出资额。公司全体股东的首次出资额不得低于注册资本的 20%，也不得低于法定的注册资本最低限额，其余部分由股东自公司成立之日起两年内缴足。

（4）出资责任：股东应当按期足额缴纳公司章程中规定的各自所认缴的出资额。股东以货币出资的，应当将货币出资足额存入有限责任公司在银行开设的账户。以非货币财产出资的，应当依法办理其财产权的转移手续。股东不按照前款规定缴纳出资的，除应当向公司足额缴纳外，还应当向已按期足额缴纳出资的股东承担违约责任。

有限责任公司成立后，发现作为设立公司出资的非货币财产的实际价额显著低于公司章程所定价额的，应当由交付该出资的股东补足其差额。公司设立时的其他股东承担连带责任。股东缴纳出资后，必须经依法设立的验资机构验资并出具证明。

公司成立后，股东不得抽逃出资。对于尚不构成犯罪的抽逃出资的违法行为，公司的发起人、股东在公司成立后，抽逃出资的，由公司登记机关责令改正，处以所抽逃出资金额 5% 以上15% 以下的罚款。公司发起人、股东违反公司法的规定未交付货币、实物或者未转移财产权，虚假出资，或者在公司成立后又抽逃其出资，数额巨大、后果严重或者有其他严重情节的，处 5 年以下有期徒刑或者拘役，并处或者单处虚假出资金额或者抽逃出资金额 2% 以上 10% 以下罚金。单位犯前款罪的，对单位判处罚金，并对其直接负责的主管人员和其他直接责任人员，处 5 年以下有期徒刑或者拘役。

（三）有限责任公司股东权利和股东名册

1. 股东权利

（1）股东有权查阅、复制公司章程、股东会会议记录、董事会会议决议、监事会会议决议和财务会计报告。

（2）股东可以要求查阅公司会计账簿。股东要求查阅公司会计账簿的，应当向公司提出书面请求，说明目的。公司有合理根据认为股东查阅会计账簿有不正当目的，可能损害公司合法利益的，可以拒绝提供查阅，并应当自股东提出书面请求之日起15日内书面答复股东并说明理由。公司拒绝提供查阅的，股东可以请求人民法院要求公司提供查阅。

（3）按出资比例分取红利。公司新增资本时，股东有权优先按照实缴的出资比例认缴出资。但是，全体股东约定不按照出资比例分取红利或者不按照出资比例优先认缴出资的除外。

（4）解散公司的权利。公司经营管理发生严重困难，继续存续会使股东利益受到重大损失，通过其他途径不能解决的，持有公司全部股东表决权10%以上的股东，可以请求人民法院解散公司。

2. 股东名册

有限责任公司应当置备股东名册。公司应当将股东的姓名或者名称及其出资额向公司登记机关登记。登记事项发生变更的，应当办理变更登记。未经登记或者变更登记的，不得对抗第三人。

3. 有限责任公司的股东之间可以相互转让其全部或者部分股权

股东向股东以外的人转让股权，应当经其他股东过半数同意。股东应就其股权转让事项书面通知其他股东征求同意，其他股东自接到书面通知之日起满30日未答复的，视为同意转让。其他股东半数以上不同意转让的，不同意的股东应当购买该转让的股权；不购买的，视为同意转让。

经股东同意转让的股权，在同等条件下，其他股东有优先购买权。两个以上股东主张行使优先购买权的，协商确定各自的购买比例，协商不成的，按照转让时各自的出资比例行使优先购买权。公司章程对股权转让另有规定的，从其规定。

（四）公司治理机构

1. 股东会

有限责任公司股东会由全体股东组成。股东会会议由股东按照出资比例行使表决权，但是，公司章程另有规定的除外。股东会会议分为定期会议和临时会议。定期会议应当依照公司章程的规定按时召开。代表 1/10 以上表决权的股东、1/3 以上的董事、监事会或者不设监事会的公司的监事提议召开临时会议的，应当召开临时会议。首次股东会会议由出资最多的股东召集和主持。有限责任公司设立董事会的，股东会会议由董事会召集，董事长主持。董事长不能履行职务或者不履行职务的，由副董事长主持。副董事长不能履行职务或者不履行职务的，由半数以上董事共同推举一名董事主持。有限责任公司不设董事会的，股东会会议由执行董事召集和主持。董事会或者执行董事不能履行或者不履行召集股东会会议职责的，由监事会或者不设监事会的公司的监事召集和主持。监事会或者监事不召集和主持的，代表 1/10 以上表决权的股东可以自行召集和主持。召开股东会会议，应当于会议召开 15 日前通知全体股东。但是，公司章程另有规定或者全体股东另有约定的除外。

2. 董事会

有限责任公司设董事会，任期不超过 3 年，可以连任。其成员为 3~13 人；但是，股东人数较少或者规模较小的有限责任公司，可以设一名执行董事，不设董事会，执行董事可以兼任公司经理，执行董事的职权由公司章程规定。董事会决议的表决，实行一人一票。董事会会议，应由董事本人出席。董事因故不能出席，可以书面委托其他董事代为出席，委托书中应载明授权范围。

3. 监事会

监事会是有限责任公司的监督机关，有限责任公司设监事会，其成员不得少于 3 人，任期 3 年。股东人数较少或者规模较小的有限责任公司，可以设 1~2 名监事，不设监事会。监事会应当包括股东代表和适当比例的公司职工代表，其中职工代表的比例不得低于 1/3，具体比例由公司章程规定。监事会中的职工代表由公司职工通过职工代表大会、职工大会或者其他形式民主选举产生。董事、高级管理人员不得兼任监事。

三、股份有限公司

（一）股份有限公司的概念

股份公司是指公司资本为股份所组成的公司，股东以其认购的股份为限对公司承担责任的企业法人。设立股份有限公司，注册资本的最低限额为人民币 500 万元。由于所有股份公司均须是负有限责任的有限公司（但并非所有有限公司都是股份公司），所以一般合称"股份有限公司"。

（二）股份有限公司的设立

股份有限公司设立方式

发起设立是指由发起人认购公司应发行的全部股份而设立的公司。募集设立，是指由发起人认购公司应发行股份的一部分，其余股份向社会公开募集或者向特定对象募集而设立的公司。设立股份有限公司，应当有 2 人以上 200 人以下的发起人，其中须有半数以上的发起人在中国境内有住所。

股份有限公司采取发起设立方式设立的，注册资本为在公司登记机关登记的全体发起人认购的股本总额。公司全体发起人的首次出资额不得低于注册资本的 20%，其余部分由发起人自公司成立之日起两年内缴足，其中，投资公司可以在 5 年内缴足。在缴足前，不得向他人募集股份。

股份有限公司采取募集方式设立的，注册资本为在公司登记机关登记的实收股本总额。股份有限公司募集设立的程序是：发起人认购股份，制作招股说明书，签订承销协议和代收股款协议，申请批准募集，公开募股，召开创立大会，申请工商设立登记。

发起人应当在创立大会召开15日前将会议日期通知各认股人或者予以公告。创立大会应有代表股份总数过半数的发起人、认股人出席，方可举行，创立大会对前款所列事项作出决议，必须经出席会议的认股人所持表决权过半数通过。公司不能成立时，对设立行为所产生的债务和费用负连带责任。公司不能成立时，对认股人已缴纳的股款，负返还股款并加算银行同期存款利息的连带责任。在公司设立过程中，由于发起人的过失致使公司利益受到损害的，应当对公司承担赔偿责任。

（三）股份有限公司的组织机构

1. 股东大会

股东大会应当每年召开一次年会。有下列情形之一的，应当在两个月内召开临时股东大会：董事人数不足本法规定人数（5人）或者公司章程所定人数的2/3时；公司未弥补的亏损达实收股本总额1/3时；单独或者合计持有公司10%以上股份的股东请求时（此处规定请求召集权，但如果直接召集，需连续90天持股）；董事会认为必要时；董事会提议召开时；公司章程规定的其他情形。

股东大会会议由董事会召集，董事长主持，董事长不能履行职务或者不履行职务的，由副董事长主持，副董事长不能履行职务或者不履行职务的，由半数以上董事共同推举一名董事主持。董事会不能履行或者不履行召集股东大会会议职责的，监事会应当及时召集和主持。监事会不召集和主持的，连续90日以上单独或者合计持有公司10%以上股份的股东可以自行召集和主持。

2. 董事会

股份有限公司设董事会，其成员为 5 ~ 19 人。

3. 监事会

股份有限公司设监事会，应当包括股东代表和适当比例的公司职工代表，其中职工代表的比例不得低于 1/3，具体比例由公司章程规定。监事会中的职工代表由公司职工通过职工代表大会、职工大会或者其他形式民主选举产生。监事会不得少于3 人。

（四）股份有限公司的股份发行

1. 股份转让的限制

（1）发起人持有的本公司股份，自公司成立之日起一年内不得转让。公司公开发行股份前已发行的股份，自公司股票在证券交易所上市交易之日起一年内不得转让。

（2）公司董事、监事、高级管理人员应当向公司申报所持有的本公司的股份及其变动情况，在任职期间每年转让的股份不得超过其所持有本公司股份总数的 25%，所持本公司股份自公司股票上市交易之日起一年内不得转让。上述人员离职后半年内，不得转让其所持有的本公司股份。公司章程可以对公司董事、监事、高级管理人员转让其所持有的本公司股份作出其他限制性规定。

2. 股份自己收购的限制

公司不得收购本公司股份。但是，有下列情形之一的除外：①减少公司注册资本。②与持有本公司股份的其他公司合并。③将股份奖励给本公司职工（股票期权制度）。④股东因对股东大会作出的公司合并、分立决议持异议，要求公司收购其股份的（股权买回请求权）。公司依照前款规定收购本公司股份后，属于第①项情形的，应当自收购之日起 10 日内注销。属于第②项、第④项情形的，应当在 6 个月内转让或者注销。公司依照第一款第②项规定收购的本公司股份，不得超过本公司已发行股份总额的5%。

3. 公司不得接受本公司的股票作为质押权的标的

公司可以接受其他公司的股票作为质押标的。

4. 记名股票被盗、遗失或者灭失

股东可以依照《中华人民共和国民事诉讼法》规定的公示催告程序，请求人民法院宣告该股票失效。人民法院宣告该股票失效后，股东可以向公司申请补发股票。

四、合伙企业

（一）合伙企业概述

合伙企业是指自然人、法人和其他组织依照合伙企业法在中国境内设立的普通合伙企业和有限合伙企业。与独资和公司相对，由两个或两个以上的自然人通过订立合伙协议，共同出资经营、共负盈亏、共担风险的企业组织形式。我国合伙组织形式仅限于私营企业。

合伙企业具有以下几个特征：一是合伙企业以合伙协议为成立的法律基础。合伙协议是调整合伙关系、规范合伙人相互权利义务、处理合伙纠纷的基本法律依据，对全体合伙人具有约束力，是合伙得以成立的法律基础。二是合伙企业须由全体合伙人共同出资，合伙经营。出资是合伙人的基本义务，也是其取得合伙人资格的前提条件。合伙人必须合伙参与经营活动，从事具有经济利益的营业行为。三是合伙人共负盈亏，共担风险，对外承担无限连带责任。合伙人既可以按其对合伙企业的出资比例分享合伙盈利，也可按合伙人约定的其他办法来分配合伙盈利。当合伙企业财产不足以清偿合伙债务时，合伙人还需要以其他个人财产来清偿债务，即承担无限责任，而且任何一个合伙人都有义务清偿全部合伙债务，即承担连带责任。

与个人独资企业相比较，合伙企业有很多的优势，主要是可以从众多的合伙人处筹集资本，合伙人共同偿还债务，减少了银行贷款的风险，使企业的筹资能力有所提高，同时，合伙人对企业盈亏负有完全责任，有助于提高企业的信誉。

（二）普通合伙企业

1. 普通合伙企业的概念

是指由普通合伙人组成，合伙人对合伙企业债务依照《合伙企业法》规定承担无限连带责任的一种合伙企业。普通合伙企业具有以下特点。

（1）由普通合伙人组成。所谓普通合伙人，是指在合伙企业中对合伙企业的债务依法承担无限连带责任的自然人、法人和其他组织。

（2）合伙人对合伙企业债务依法承担无限连带责任，法律另有规定的除外。所谓无限连带责任，包括两个方面：一是连带责任。即所有的合伙人对合伙企业的债务都有责任向债权人偿还，不管自己在合伙协议中所承担的比例如何。一个合伙人不能清偿对外债务的，其他合伙人都有清偿的责任。但是，当某一合伙人偿还合伙企业的债务超过自己所应承担的数额时，有权向其他合伙人追偿。二是无限责任。即所有的合伙人不仅以自己投入合伙企业的资金和合伙企业的其他资金对债权人承担清偿责任，而且在不够清偿时还要以合伙人自己所有的财产对债权人承担清偿责任。所谓法律另有规定的除外，是指《合伙企业法》有特殊规定的，合伙人可以不承担无限连带责任。按照《合伙企业法》中"特殊的普通合伙企业"的规定，对以专业知识和专门技能为客户提供有偿服务的专业服务机构，可以设立为特殊的普通合伙企业。在这种特殊的普通合伙企业中，对合伙人在执业活动中因故意或者重大过失造成合伙企业债务的，应当承担无限责任或者无限连带责任，其他合伙人以其在合伙企业中的财产份额为限承担责任；对合伙人在执业活动中非故意或者重大过失造成的合伙企业债务以及合伙企业的其他债务，全体合伙人承担无限连带责任。对合伙人执业活动中因故意或者重大过失造成的合伙企业债务，以合伙企业财产对外承担责任后，该合伙人应当按照合伙协议的约定对给合伙企业造成的损失承担赔偿责任。

2. 普通合伙企业的设立

有两个以上合伙人。合伙人为自然人的，应当具有完全民事行为能力。国有独资公司、国有企业、上市公司、公益性事业单位和社会团体不可以为普通合伙人。法律法规禁止从事经营的人，如国家公务员、法官、检察官、警察不能成为合伙人。

3. 合伙企业的财产

非经全体合伙人一致同意，合伙人不得以其在合伙企业中的财产份额对外出质，否则出质无效。企业对合伙财产份额质押行为不负责，由出质合伙人自己对第三人进行赔偿，性质为缔约过失责任。

4. 合伙事务执行及合伙人的相关权利

（1）执行合伙企业事务，除合伙协议另有约定外。合伙企业的下列事项应当经全体合伙人一致同意：改变合伙企业的名称；改变合伙企业的经营范围、主要经营场所的地点；处分合伙企业的不动产；转让或者处分合伙企业的知识产权和其他财产权利；以合伙企业名义为他人提供担保；聘任合伙人以外的人担任合伙企业的经营管理人员；合伙人按照合伙协议的约定或者经全体合伙人决定，可以增加或者减少对合伙企业的出资。

（2）竞业的绝对禁止和自我交易的相对禁止等。合伙人不得自营或者同他人合作经营与本合伙企业相竞争的业务；除合伙协议另有约定或者经全体合伙人一致同意外，合伙人不得同本合伙企业进行交易。

（3）合伙企业的利润分配、亏损分担。按照合伙协议的约定办理，合伙协议未约定或者约定不明确的，由合伙人协商决定。协商不成的，由合伙人按照实缴出资比例分配、分担。无法确定出资比例的，由合伙人平均分配、分担；合伙协议不得约定将全部利润分配给部分合伙人或者由部分合伙人承担全部亏损。

（4）合伙人向外转让份额除非另有协议，否则要经过其他人一致同意，同等条件保证优先购买权。

5. 合伙企业与第三人关系

（1）合伙企业与其债权人的关系。合伙企业对其债务，应先以其全部财产进行清偿。合伙企业不能清偿到期债务的，合伙人承担无限连带责任，是为补充无限连带责任，为第二位的债务人，拥有先诉抗辩权。

（2）双重优先原则。当合伙企业与合伙人同时分别负债，企业的钱先还企业的债，个人的钱先还个人的债。

（3）合伙人的个人债权人不得以此债权，抵消其对合伙企业的债务，也不得代位行使合伙人在企业里面的权利。例如，甲合伙企业的合伙人甲欠乙债务，乙同时欠合伙企业甲债务。乙不能以其债权（甲欠乙）抵销其地合伙企业甲的债务。又如甲合伙企业的合伙人甲欠乙债务，乙同时欠合伙企业甲债务。乙不能代位行使甲在合伙企业的权利。

6. 入伙与退伙

（1）入伙。新合伙人对入伙前合伙企业的债务承担无限连带责任，入伙协议可以约定新合伙人可以进行内部追偿。

（2）退伙。退伙包括以下四种情形。①协议退伙，合伙协议约定合伙期限的，在合伙企业存续期间，有下列情形之一的，合伙人可以退伙：合伙协议约定的退伙事由出现；经全体合伙人一致同意；发生合伙人难以继续参加合伙的事由；其他合伙人严重违反合伙协议约定的义务。②单方通知退伙，是指基于退伙人的单方意思表示而退伙。合伙协议未约定合伙期限的，合伙人在不给合伙企业事务执行造成不利影响的情况下，可以退伙，但应当提前30日通知其他合伙人。合伙人违反上述规定退伙的，应当赔偿由此给合伙企业造成的损失。③当然退伙（事件导致），退伙事由实际发生之日为退伙生效日。合伙人有下列情形之一的，当然退伙：作为合伙人的自然人死亡或者被依法宣告死亡；个人丧失偿债能力（负担不了无限连带责任）；作为合伙人的法人或者其他组织依法被吊销营业执照、责令关闭、撤销，或者被宣告破产；法律规定或者合伙协议约定合伙人必须具有相关资格而丧失该资格。④除名退伙（过错导致），即开除。合伙人有下列情形之一的，经其他合伙人一致同意，可以决议将其除名：未履行出资义务；因故意或者重大过失给合伙企业造成损失；执行合伙事务时有不正当行为；发生合伙协议约定的事由。对合伙人的除名决议应当书面通知被除名人。被除名人接到除名通知之日，除名生效，被除名人退伙。被除名人对除名决议有异议的，可以自接到除名通知之日起30日内，向人民法院起诉。

合伙人死亡或者被依法宣告死亡的，对该合伙人在合伙企业中的财产份额享有合法继承权的继承人，按照合伙协议的约定或者经全体合伙人一致同意，从继承开始之日起，取得该合伙企业的合伙人资格。有下列情形之一的，合伙企业应当向合伙人的继承人退还被继承合伙人的财产份额：继承人不愿意成为合伙人；法律规定或者合伙协议约定合伙人必须具有相关资格，而该继承人未取得该资格；合伙协议约定不能成为合伙人的其他情形。

合伙人的继承人为无民事行为能力人或者限制民事行为能力人的，经全体合伙人一致同意，可以依法成为有限合伙人，普通合伙企业依法转为有限合伙企业。全体合伙人未能一致同意的，合伙企业应当将被继承合伙人的财产份额退还该继承人。退伙人对基于其退伙前的原因发生的合伙企业债务，承担无限连带责任。

（三）有限合伙企业

1. 有限合伙企业的概念

有限合伙是指一名以上普通合伙人与一名以上有限合伙人所组成的合伙。虽然在表面上及一些具体程序与做法上，它是介于合伙与有限责任公司之间的一种企业形式，但必须强调的是，在本质上它是合伙的特殊形式之一，而不是公司。有限合伙在至少有一名合伙人承担无限责任的基础上，允许其他合伙人承担有限责任的合伙企业。

2. 有限合伙人的义务

（1）有限合伙人可以用货币、实物、知识产权、土地使用权或者其他财产权利作价出资，但是有限合伙人不得以劳务出资。有限合伙人应当按照合伙协议的约定按期足额缴纳出资；未按期足额缴纳的，应当承担补缴义务，并对其他合伙人承担违约责任。

（2）有限合伙人不得执行合伙企业事务，不得对外代表有限合伙企业，有限合伙企业由普通合伙人执行合伙事务。有限合伙人不要求行为能力，有限合伙人可以是无行为能力人或限制行为能力人。例外情形是，有限合伙人的下列行为，不视为执行合伙事务：参与决定普通合伙人入伙、退伙；对企业的经营管理提出建议；参与选择承办有限合伙企业审计业务的会计师事务所；获取经审计的有限合伙企业财务会计报告；对涉及自身利益的情况，查阅有限合伙企业财务会计账簿等财务资料；在有限合伙企业中的利益受到侵害时，向有责任的合伙人主张权利或者提起诉讼；执行事务合伙人怠于行使权利时，督促其行使权利或者为了本企业的利益以自己的名义提起诉讼；依法为本企业提供担保。有限合伙企业不得将全部利润分配给部分合伙人。但是，合伙协议另有约定的除外。

（3）表见普通合伙人，第三人有理由相信有限合伙人为普通合伙人并与其交易的，该有限合伙人对该笔交易承担与普通合伙人同样的责任。

（4）无权代理，有限合伙人未经授权以有限合伙企业名义与他人进行交易，给有限合伙企业或者其他合伙人造成损失的，该有限合伙人应当承担赔偿责任。

3. 有限合伙人的权利

（1）有限合伙人可以同本有限合伙企业进行交易。合伙协议另有约定的除外。

（2）有限合伙人可以自营或者同他人合作经营与本有限合伙企业相竞争的业务。合伙协议另有约定的除外。

（3）有限合伙人可以将其在有限合伙企业中的财产份额出质。合伙协议另有约定的除外。

（4）有限合伙人可以按照合伙协议的约定向合伙人以外的人转让其在有限合伙企业中的财产份额，不需要其他合伙人的同意，但应当提前 30 日通知其他合伙人。

（5）作为有限合伙人的自然人死亡、被依法宣告死亡或者作为有限合伙人的法人及其他组织终止时，其继承人或者权利承受人可以依法取得该有限合伙人在有限合伙企业中的资格。有限合伙人资格可以当然继承的原因在于有限合伙人不要求行为能力。作为有限合伙人的自然人在有限合伙企业存续期间丧失民事行为能力的，其他合伙人不得因此要求其退伙。

4. 合伙人责任性质的转换

（1）除合伙协议另有约定外，普通合伙人转变为有限合伙人，或者有限合伙人转变为普通合伙人，应当经全体合伙人一致同意。

（2）有限合伙人转变为普通合伙人的，对其作为有限合伙人期间有限合伙企业发生的债务承担无限连带责任。

（3）普通合伙人转变为有限合伙人的，对其作为普通合伙人期间合伙企业发生的债务承担无限连带责任。

5. 合伙企业破产制度

合伙企业不能清偿到期债务的，债权人可以依法向人民法院提出破产清算申请，也可以要求普通合伙人清偿。合伙企业依法被宣告破产的，普通合伙人对合伙企业债务仍应承担无限连带责任。

第三节　消费者权益保护法

一、消费者权益保护法概念

消费者权益保护法是调整在保护公民消费权益过程中所产生的社会关系的法律规范的总称。一般情况下，我们所说的消费者权益保护法是指 1993 年 10 月 31 日颁布、1994 年 1 月 1 日起施行的《中华人民共和国消费者权益保护法》。该法的颁布实施，是我国第一次以立法的形式全面确认消费者的权利。此举对保护消费者的权益，规范经营者的行为，维护社会经济秩序，促进社会主义市场经济健康发展具有十分重要的意义。

消费者是指为个人生活消费需要购买、使用商品和接受服务的自然人。消费者为生活消费需要购买、使用商品或者接受服务的，适用消费者保护法。从事消费活动的社会组织、企事业单位不属于消费者保护法意义上的"消费者"。农民购买、使用直接用于农业生产的生产资料时，参照消费者保护法执行。

二、消费者的权利与经营者的义务

（一）消费者的权利

消费者在购买、使用商品和接受服务时享有人身、财产安全不受损害的权利。消费者有权要求经营者提供的商品和服务，符合保障人身、财产安全的要求。

消费者享有知悉其购买、使用商品或者接受服务真实情况的权利。消费者有权根据商品或者服务的不同情况，要求经营者提供商品的价格、产地、生产者、用途、性能、规格、等级、主要成分、生产日期、有效期限、检验合格证明、使用方法说明书、售后服务，或者服务的内容、规格、费用等有关情况。

消费者享有自主选择商品或者服务的权利。消费者有权自主选择提供商品或者服务的经营者，自主选择商品品种或者服务方式，自主决定购买或者不购买任何一种商品、接受或者不接受任何一项服务。消费者在自主选择商品或者服务时，有权进行比较、鉴别和挑选。

消费者享有公平交易的权利。消费者在购买商品或者接受服务时，有权获得质量保障、价格合理、计量正确等公平交易条件，有权拒绝经营者的强制交易行为。

消费者因购买、使用商品或者接受服务受到人身、财产损害的，享有依法获得赔偿的权利。

消费者享有依法成立维护自身合法权益的社会团体的权利。

消费者享有获得有关消费和消费者权益保护方面的知识的权利。消费者应当努力掌握所需商品或者服务的知识和使用技能，正确使用商品，提高自我保护意识。

消费者在购买、使用商品和接受服务时，享有其人格尊严、民族风俗习惯得到尊重的权利。

消费者享有对商品和服务以及保护消费者权利工作进行监督的权利。消费者有权检举、控告侵害消费者权益的行为和国家机关及其工作人员在保护消费者权益工作中的违法失职行为，有权对保护消费者权益工作提出批评、建议。

（二）经营者的义务

经营者应当保证其提供的商品或者服务符合保障人身、财产安全的要求。对可能危及人身、财产安全的商品和服务，应当向消费者作出真实的说明和明确的警示，并说明和标明正确使用商品或者接受服务的方法以及防止危害发生的方法。经营者发现其提供的商品或者服务存在严重缺陷，即使正确使用商品或者接受服务仍然可能对人身、财产安全造成危害的，应当立即向有关行政部门报告和告知消费者，并采取防止危害发生的措施。

经营者应当向消费者提供有关商品或者服务的真实信息，不得做引人误解的虚假宣传。经营者对消费者就其提供的商品或者服务的质量和使用方法等问题提出的询问，应当作出真实、明确的答复。商店提供商品应当明码标价。

经营者应当标明其真实名称和标记。租赁他人柜台或者场地的经营者，应当标明其真实名称和标记。

经营者提供商品或者服务，应当按照国家有关规定或者商业惯例向消费者出具购货凭证或者服务单据；消费者索要购货凭证或者服务单据的，经营者必须出具。

经营者应当保证在正常使用商品或者接受服务的情况下其提供的商品或者服务应当具有的质量、性能、用途和有效期限；但消费者在购买该商品或者接受该服务前已经知道其存在瑕疵的除外。经营者以广告、产品说明、实物样品或者其他方式表明商品或者服务的质量状况的。应当保证其提供的商品或者服务的实际质量与表明的质量状况相符。

经营者提供商品或者服务，按照国家规定或者与消费者的约定，承担包修、包换、包退或者其他责任的，应当按照国家规定或者约定履行，不得故意拖延或者无理拒绝。

经营者不得以格式合同、通知、声明、店堂告示等方式作出对消费者不公平、不合理的规定，或者减轻、免除其损害消费合法权益应当承担的民事责任。格式合同、通知、声明、店堂告示等含有前款所列内容的，其内容无效。

经营者不得对消费者进行侮辱、诽谤，不得搜查消费者的身体及其携带的物品，不得侵犯消费者的人身自由。

（三）争议的解决

1. 销售者的先行赔付义务

销售者赔偿后，属于生产者的责任或者属于向销售者提供商品的其他销售者的责任的，销售者有权向生产者或者其他销售者追偿。

2. 生产者与销售者的连带责任

消费者或者其他受害人因商品缺陷造成人身、财产损害的，可以向销售者要求赔偿，也可以向生产者要求赔偿。属于生产者责任的，销售者赔偿后，有权向生产者追偿。属于销售者责任的，生产者赔偿后，有权向销售者追偿。

3. 消费者在接受服务时，其合法权益受到损害时，可以向服务者要求赔偿

4. 变更后的企业仍应承担赔偿责任

5. 营业执照持有人与租借人的赔偿责任

使用他人营业执照的违法经营者提供商品或者服务，损害消费者合法权益的，消费者可向其要求赔偿，也可以向营业执照的持有人要求赔偿。

6. 展销会举办者、柜台出租者的特殊责任

通过展销会、出租柜台销售商品或者提供服务，不同于一般的店铺营销方式。展销会结束或者柜台租赁期满后，也可以向展销会的举办者、柜台的出租者要求赔偿。展销会的举办者、柜台的出租者赔偿后，有权向销售者或者服务者追偿。

7. 虚假广告的广告主与广告经营者的责任

发布虚假广告，欺骗和误导消费者，使其合法权益受到损害的，广告主应负担民事责任。广告经营者、广告发布者明知或应知广告虚假仍设计、制作、发布的，应依法承担连带责任。

8. 检验机构（质监部门）及认证机构（如绿色食品认证）的法律责任

（1）故意：产品质量检验机构、认证机构伪造检验结果或者出具虚假证明的，应责令改正，对单位和直接主管人员及责任人员处以罚款，没收违法所得。情节严重的，取消其检验资格、认证资格。

（2）过失：产品质量检验机构、认证机构出具的检验结果或者证明不实，造成损失的，应当承担相应的赔偿责任。造成重大损失的，撤销其检验资格、认证资格。

（3）产品质量认证机构违反第 21 条的规定，不履行质量跟踪检验义务的，对因其产品不符合认证标准给消费者造成的损失，与产品的生产者、销售者承担连带责任。情节严重的，撤销其认证资格。

社会团体、社会中介机构对产品质量作出承诺和保证，而该产品又不符合其承诺、保证的质量要求，给消费者造成损失的，与生产者、销售者承担连带责任。

（四）违反消费者权益保护法的法律责任

1. 特殊规定

（1）"三包"责任。在保修期内两次修理仍不能正常使用的，经营者应当负责更换或者退货。对于"三包"的大件商品，消费者要求经营者修理、更换、退货的，经营者应当承担运输等合理费用。

（2）邮购商品的民事责任。未按照约定提供的，应当按照消费者的要求履行约定或者退回货款；并承担消费者必须支付的合理费用。

（3）预收款方式提供商品或服务的责任。经营者以预收款方式提供商品或服务的，应当按照约定提供。未按照约定提供的，应依照消费者的要求履行约定或者退回预付款，并应当承担预付款的利息、消费者必须支付的合理费用。

（4）消费者购买的商品，依法经有关行政部门认定为不合格的，消费者可以要求退货，经营者应当负责退货，而不得无理拒绝。根据这一规定，一般商品，发现问题后应经过修理、更换，仍无法使用的再予以退货。对不合格商品，只要消费者要求退货，经营者即应负责办理，不得以修理、更换或者其他借口延迟或者拒绝消费者退货要求。

2. 对欺诈行为的惩罚性规定

只要证明下列事实存在，即可认定经营者构成欺诈行为。

（1）经营者对其商品或服务的说明行为是虚假的，足以使一般消费者受到欺骗或误导。

（2）消费者因受误导而接受了经营者的商品或服务，即经营者的虚假说明与消费者的消费行为之间存在因果关系。一些典型的欺诈行为：销售掺杂、掺假，以假充真，以次充好的商品；虚假的"清仓价"、"甩卖价"、"最低价"、"优惠价"或者其他欺骗性价格表示销售商品；虚假的商品说明、商品标准、实物样品等方式销售商品；用广播、电视、电影、报刊等大众传播媒介对商品作虚假宣传；售假冒商品和失效、变质商品等。

3. 赔偿数额

对经营者的欺诈行为，消费者不仅可以获得补偿性的赔付，还可要求增加赔偿额。增加赔偿的金额为消费者购买商品的价款或者接受服务的费用的 1 倍。

第四节 劳动法

一、劳动法概述

劳动法是调整劳动关系以及与劳动关系密切联系的其他社会

关系的法律规范的总和。制定劳动法的目的是保护劳动者的合法权益，维护、发展和谐稳定的劳动关系，维护社会安定，促进经济发展和社会进步。劳动法有广义和狭义之分：狭义上的劳动法，一般是指国家最高立法机构制定颁布的全国性、综合性的劳动法，即《中华人民共和国劳动法》；广义上的劳动法，是指调整劳动关系以及与劳动关系有密切联系的其他社会关系的法律规范的总称。

自然人要成为劳动者，必须具备主体资格，必须具有劳动权利能力和劳动行为能力。依《劳动法》规定，凡年满 16 周岁、有劳动能力的公民具有劳动权利能力和劳动行为能力。法律禁止用人单位招用未满 16 周岁的未成年人（童工），但文艺、体育、特种工艺单位确需招用未满 16 周岁的文艺工作者、运动员和艺徒时，须报经县级以上劳动行政部门批准。

二、劳动合同

（一）劳动合同主体

劳动合同是劳动者与用工单位之间确立劳动关系，明确双方权利和义务的协议。劳动合同具有重要作用，它是劳动者实现劳动权的重要保障；它是用人单位合理使用劳动力、巩固劳动纪律、提高劳动生产率的重要手段；它是减少和防止发生劳动争议的重要措施。

（二）劳动合同事项

1. 书面劳动合同的订立

（1）双方的先合同义务：用人单位招用劳动者时，应当如实告知劳动者工作内容、工作条件、工作地点、职业危害、安全生产状况、劳动报酬，以及劳动者要求了解的其他情况；用人单位招用劳动者，不得扣押劳动者的居民身份证和其他证件，不得要求劳动者提供担保或者以其他名义向劳动者收取财物。用人单位有权了解劳动者与劳动合同直接相关的基本情况,劳动者应当如实说明。

（2）双方的后合同义务：用人单位应当在解除或者终止劳动合同时出具解除或者终止劳动合同的证明,并在15日内为劳动者办理档案和社会保险关系转移手续。劳动者应当按照双方约定,办理工作交接。用人单位依照本法有关规定应当向劳动者支付经济补偿的,在办结工作交接时支付。用人单位对已经解除或者终止的劳动合同的文本,至少保存两年备查。劳动合同中约定的保密义务或者竞业限制,劳动者也要遵守。

2. 用人单位自用工之日起即与劳动者建立劳动关系

建立劳动关系,应当订立书面劳动合同。用工为劳动关系建立的唯一标准。已建立劳动关系,未同时订立书面劳动合同的,应当自用工之日起一个月内订立书面劳动合同。

3. 用人单位与劳动者在用工前订立劳动合同的,劳动关系自用工之日起建立

自用工之日起一个月内,经用人单位书面通知后,劳动者不与用人单位订立书面劳动合同的,用人单位应当书面通知劳动者终止劳动关系,无须向劳动者支付经济补偿,但是应当依法向劳动者支付其实际工作时间的劳动报酬。

用人单位自用工之日起超过一个月不满一年未与劳动者订立书面劳动合同的,应当依照劳动合同法第82条的规定向劳动者每月支付两倍的工资,并与劳动者补订书面劳动合同。前款规定的用人单位向劳动者每月支付两倍工资的起算时间为用工之日起满一个月的次日,截止时间为补订书面劳动合同的前一日。

用人单位自用工之日起满一年未与劳动者订立书面劳动合同的,自用工之日起满一个月的次日至满一年的前一日应当依照劳动合同法第82条的规定向劳动者每月支付两倍的工资,并视为自用工之日起满一年的当日已经与劳动者订立无固定期限劳动合同,应当立即与劳动者补订书面劳动合同。

（三）劳动合同的分类和必要条款

1. 期限

用人单位与劳动者协商一致，可以订立固定期限劳动合同、无固定期限劳动合同和以完成一定工作任务为期限的劳动合同（例如建筑业合同）。对于无固定期限的劳动合同只要不出现法律、法规或合同约定的可以变更、解除、终止劳动合同的情况，双方当事人就不得擅自变更、解除、终止劳动关系。

以完成一定工作为期限的劳动合同。一般适用于建筑业、临时性、季节性的工作或由于其工作性质可以采取此种合同期限的工作岗位。

订立无固定劳动合同的法定情形

（1）协商订立：用人单位与劳动者协商一致，可以订立无固定期限劳动合同。

（2）法定强制：有下列情形之一，劳动者提出或者同意续订、订立劳动合同的，除劳动者提出订立固定期限劳动合同外，应当订立无固定期限劳动合同：①劳动者在该用人单位连续工作满10年的；②用人单位初次实行劳动合同制度或者国有企业改制重新订立劳动合同时，劳动者在该用人单位连续工作满10年且距法定退休年龄不足10年的；③连续订立两次固定期限劳动合同，且劳动者无劳动合同法第39条和第40条第一项、第二项规定的情形（单位享有法定解除权的情形，劳动者有过错；以及非工伤和不胜任工作两种情形），续订劳动合同的。

2. 劳动合同应当具备以下条款

①用人单位的名称、住所和法定代表人或者主要负责人。②劳动者的姓名、住址和居民身份证或者其他有效身份证件号码。③劳动合同期限。④工作内容和工作地点。⑤工作时间和休息休假。⑥劳动报酬。⑦社会保险。⑧劳动保护、劳动条件和职业危害防护。⑨法律、法规规定应当纳入劳动合同的其他事项。

劳动合同除前款规定的必备条款外，用人单位与劳动者可以约定试用期、培训、保守秘密、补充保险和福利待遇等任意条款。

（四）劳动合同履行中的责任

用人单位有下列情形之一的，由劳动行政部门责令限期支付劳动报酬、加班费或者经济补偿；劳动报酬低于当地最低工资标准的，应当支付其差额部分；逾期不支付的，责令用人单位按应付金额50%以上100%以下的标准向劳动者加付赔偿金：①未依照劳动合同的约定或者国家规定及时足额支付劳动者劳动报酬的。②低于当地最低工资标准支付劳动者工资的。③安排加班不支付加班费的。④解除或者终止劳动合同，未依照本法规定向劳动者支付经济补偿的。

用人单位招用尚未解除劳动合同的劳动者，给原用人单位造成经济损失的，除该劳动者承担直接赔偿责任外，该用人单位应当承担连带赔偿责任。其连带赔偿的份额应不低于对原用人单位造成经济损失总额的70%。向原用人单位赔偿下列损失：对生产、经营和工作造成的直接经济损失；因获取商业秘密给用人单位造成的经济损失。

（五）解除劳动合同和无效劳动合同情形

1. 协商解除

用人单位与劳动者协商一致，可以解除劳动合同。单位提出协商的，有经济补偿。劳动者提出协商的，没有补偿。

2. 劳动者单方解除劳动合同

（1）预告解除。劳动者提前30日以书面形式通知用人单位，可以解除劳动合同。劳动者在试用期内提前3日通知用人单位，可以解除劳动合同。

（2）即时解除。用人单位有下列情形之一的，劳动者可以解除劳动合同：未按照劳动合同约定提供劳动保护或者劳动条件的；未及时足额支付劳动报酬的；未依法为劳动者缴纳社会保险费的；用人单位的规章制度违反法律、法规的规定，损害劳动者合法权益的；因用人单位过错致使劳动合同无效的；用人单位以暴力、威胁或者非法限制人身自由的手段强迫劳动者劳动的，或者用人单位违章指挥、强令冒险作业危及劳动者人身安全的，劳动者可以立即解除劳动合同，不需事先告知用人单位。

3. 用人单位单方解除劳动合同的情形

（1）即时解除。劳动者有下列情形之一的，用人单位可以解除劳动合同：在试用期间被证明不符合录用条件的；严重违反用人单位的规章制度的；严重失职，营私舞弊，给用人单位造成重大损害的；劳动者同时与其他用人单位建立劳动关系，对完成本单位的工作任务造成严重影响，或者经用人单位提出，拒不改正的；因劳动者过错致使劳动合同无效的；被依法追究刑事责任的。

（2）预告解除。有下列情形之一的，用人单位提前 30 日以书面形式通知劳动者本人或者额外支付劳动者一个月工资后，可以解除劳动合同：劳动者患病或者非因工负伤，在规定的医疗期满后不能从事原工作，也不能从事由用人单位另行安排的工作的；劳动者不能胜任工作，经过培训或者调整工作岗位，仍不能胜任工作的；劳动合同订立时所依据的客观情况发生重大变化，致使劳动合同无法履行，经用人单位与劳动者协商，未能就变更劳动合同内容达成协议的。

（3）经济性裁员。有下列情形之一，需要裁减人员 20 人以上或者裁减不足 20 人但占企业职工总数 10% 以上的，用人单位提前 30 向工会或者全体职工说明情况，听取工会或者职工的意见后，裁减人员方案经向劳动行政部门报告，可以裁减人员：依照企业破产法规定进行重整的；生产经营发生严重困难的；企业转产、重大技术革新或者经营方式调整，经变更劳动合同后，仍需裁减人员的；其他因劳动合同订立时所依据的客观经济情况发生重大变化，致使劳动合同无法履行的。

裁减人员时，应当优先留用下列劳动者：与本单位订立较长期限的固定期限劳动合同的；与本单位订立无固定期限劳动合同的；家庭无其他就业人员，有需要扶养的老人或者未成年人的。用人单位依法裁减人员，在6个月内重新招用人员的，应当通知被裁减的人员，并在同等条件下优先招用被裁减的人员。

不得解除的情形：劳动者有下列情形之一的，用人单位不得预告解除和裁员，但是还可以及时解除：从事接触职业病危害作业的劳动者未进行离岗前职业健康检查，或者疑似职业病病人在诊断或者医学观察期间的；在本单位患职业病或者因工负伤并被确认丧失或者部分丧失劳动能力的；患病或者非因工负伤，在规定的医疗期内的；女职工在孕期、产期、哺乳期的；在本单位连续工作满15年，且距法定退休年龄不足5年的；法律、行政法规规定的其他情形。

（4）经济补偿。用人单位存在违反工资支付、社会保险（国家、单位和个人分别负担：70%、25%和5%）等方面的法律规定的行为，劳动者提出解除劳动合同的，用人单位必须支付经济补偿。用人单位应当依法支付经济补偿的情形是：除用人单位维持或者提高劳动合同约定条件续订劳动合同，（不低于原来的待遇）劳动者不同意续订的情况外；固定期限劳动合同期满终止的；因用人单位被依法宣告破产，或者用人单位被吊销营业执照、责令关闭、撤销或者用人单位决定提前解散，而终止劳动合同的。

劳动者达到法定退休年龄的，劳动合同终止。

经济补偿按劳动者在本单位工作的年限，每满一年支付一个月工资的标准向劳动者支付。向其支付经济补偿的年限最高不超过12年。6个月以上不满一年的，按一年计算；不满6个月的，向劳动者支付半个月工资的经济补偿。

劳动者月工资高于用人单位所在直辖市、设区的市级人民政府公布的本地区上年度职工月平均工资 3 倍的，向其支付经济补偿的标准按职工月平均工资 3 倍的数额支付，向其支付经济补偿的年限最高不超过 12 年。本条所称月工资是指劳动者在劳动合同解除或者终止前 12 个月的平均工资。

用人单位违反劳动合同法的规定解除或者终止劳动合同，依照劳动合同法第 87 条的规定支付了赔偿金的，不再支付经济补偿。赔偿金的计算年限自用工之日起计算。

用人单位违反本法规定解除或者终止劳动合同的，应当依照本法第 47 条规定的经济补偿标准的 2 倍向劳动者支付赔偿金。

（六）终止合同

劳动合同法定终止的情形，除劳动合同期满外，还包括：劳动者开始依法享受基本养老保险待遇的；劳动者死亡，或者被人民法院宣告死亡或者宣告失踪的；用人单位被依法宣告破产的；用人单位被吊销营业执照、责令关闭、撤销或者用人单位决定提前解散的等。需要支付补偿金。

三、劳动基准法

（一）工作时间和休息休假

1. 工作时间的概念和种类

我国的标准工时为劳动者每日工作 8 小时，每周工作 44 小时，在 1 周内工作 5 天。

2. 休息休假的概念和种类

公休假日，又称周休息日，是劳动者在 1 周内享有的休息日，公休假日一般为每周 2 日，一般安排在周六和周日休息。不能实行国家标准工时制度的企业和事业组织，可根据实际情况灵活安排周休息日，应当保证劳动者每周至少休息 1 日。

休假的种类。

（1）法定节假日。是指法律规定用于开展纪念、庆祝活动的休息时间。我国劳动法规定的法定节假日有：元旦休息1日；春节休息3日；国际劳动节、清明、端午、中秋休息1日；国庆节休息3日；法律、法规规定的其他休假节日。

（2）国家实行带薪年休假制度。劳动者连续工作1年以上的，享受带薪年休假。具体办法由国务院规定。

3. 加班加点的主要法律规定

（1）一般情况下加班加点的规定。劳动法第41条规定：用人单位由于生产经营需要，经与工会和劳动者协商后可以延长工作时间，一般每日不得超过一小时；因特殊原因需要延长工作时间的，在保障劳动者身体健康的条件下延长工作时间每日不得超过2小时，但是每月不得超过36小时。

（2）加班加点的工资标准。劳动法规定：①安排劳动者延长工作时间的，支付不低于工资的150％的工资报酬；②休息日安排劳动者工作又不能安排补休的，支付不低于工资的200％的工资报酬；③法定休假日安排劳动者工作的，支付不低于工资的300％的工资报酬。

（二）工资法律制度

1. 工资的概念和特征

工资是以货币形式支付给劳动者的劳动报酬。

2. 工资形式

我国的工资形式主要有：①基本工资。②奖金。是给予劳动者的超额劳动报酬和增收节支的物质奖励。有月奖、季度奖和年度奖；经常性奖金和一次性奖金；综合奖和单项奖等。③津贴。是对劳动者在特殊条件下的额外劳动消耗或额外费用支出给予物质补偿的一种工资形式。主要有：岗位津贴、保健性津贴、技术性津贴等。④补贴。是为了保障劳动者的生活水平不受特殊因素的影响而支付给劳动者的工资形式。它与劳动者的劳动没有直接联系，其发放根据主要是国家有关政策规定，如物价补贴、边远地区生活补贴等。⑤特殊情况下的工资。是对非正常工作情况下的劳动者依法支付工资的一种工资形式。主要有：加班加点工资，事假、病假、婚假、探亲假等工资以及履行国家和社会义务期间的工资等。

3. 工资支付保障

工资支付保障是为保障劳动者劳动报酬权的实现，防止用人单位滥用工资分配权而制定的有关工资支付的一系列规则。有如下内容：工资应以法定货币支付，不得以实物及有价证券代替货币支付；工资应在用人单位与劳动者约定的日期支付。工资一般按月支付，至少每月支付一次；对代扣工资的限制。用人单位不得非法克扣劳动者工资，有下列情况之一的，用人单位可以代扣劳动者工资：用人单位代扣代缴的个人所得税；用人单位代扣代缴的应由劳动者个人负担的社会保险费用；用人单位依审判机关判决、裁定扣除劳动者工资。依照人民法院判决、裁定，用人单位可以从应负法律责任的劳动者工资中扣除其应负担的扶养费、赡养费、抚养费和损害赔偿等款项；法律、法规规定可以从劳动者工资中扣除的其他费用。

对扣除工资金额的限制。因劳动者本人原因给用人单位造成经济损失的，用人单位可以按照劳动合同的约定要求劳动者赔偿其经济损失。经济损失的赔偿，可从劳动者本人的工资中扣除，但每月扣除金额不得超过劳动者月工资的20%；若扣除后的余额低于当地月最低工资标准的，则应按最低工资标准支付；用人单位对劳动者违纪罚款，一般不得超过本人月工资标准的20%。

4. 最低工资保障

（1）最低工资不包含以下几项：加班加点工资；中班、夜班、高温、低温、井下、有毒有害等特殊工作环境条件下的津贴；国家法律、法规和政策规定的劳动者保险、福利待遇；用人单位通过贴补伙食、住房等支付给劳动者的非货币性收入。

（2）最低工资的具体标准由省、自治区、直辖市人民政府规定，报国务院备案。

（3）在确定和调整最低工资标准时，综合参考下列因素：劳动者本人及平均赡养人口的最低生活费用；社会平均工资水平；劳动生产率；就业状况；地区之间经济发展水平的差异。

（4）最低工资标准应当高于当地的社会救济金和失业保险金标准，低于平均工资。应当适时调整，但每年最多调整一次。

（三）职业安全卫生法

1. 女职工的特殊劳动保护

为保护女职工的身体健康，法律规定禁止安排女职工从事矿山井下作业、国家规定的第四级体力劳动强度的劳动和其他禁忌从事的劳动；不得安排女职工在经期从事高处、高温、低温、冷水作业和国家规定的第三级体力劳动强度的劳动；不得安排女职工在怀孕期间从事国家规定的第三级体力劳动强度的劳动；对怀孕7个月以上的女职工，不得安排其延长工作时间和夜班劳动；女职工生育享受不少于90天的产假；不得安排女职工在哺乳未满1周岁的婴儿期间从事国家规定的第三级体力劳动强度的劳动和哺乳期禁忌从事的其他劳动，不得安排其延长工作时间和夜班劳动。

妇女和未成年工都不做的：矿山井下作业、国家规定的第四级体力劳动强度的劳动和其他禁忌从事的劳动。

2. 未成年工的特殊劳动保护

未成年上是指年满16周岁未满18周岁的劳动者。对未成年工特殊劳动保护的措施主要有：上岗前培训。未成年工上岗，用人单位应对其进行有关的职业安全卫生教育、培训；禁止安排未成年工从事有害健康的工作。用人单位不得安排未成年工从事矿山井下、有毒有害、国家规定的第四级体力劳动强度和其他禁忌从事的劳动；提供适合未成年工身体发育的生产工具等；对未成年工定期进行健康检查。

第五节　环境保护法律制度

一、概述

环境是指影响人类社会生存和发展的各种天然的和经过人工改造的自然因素总体，包括大气、水、海洋、土地、矿藏、森林、草原、野生动物、自然古迹、人文遗迹、自然保护区、风景名胜区、城市和乡村等。

环境保护法是调整因保护环境和自然资源、防治污染和其他公害而产生的各种社会关系的法律规范的总称。其目的是为了协调人类与环境的关系，保护人体健康，保障社会经济的持续发展。我国的环境保护法是在 20 世纪 70 年代末以后迅速发展起来的，目前已经初步形成了包括环境保护的宪法规范、环境保护基本法、环境保护单行法和环境保护法规、规章组成的体系，成为我国整个法律体系中的一个独立法律部门。

我国环境保护法的范围主要包括：环境污染防治法，如水污染防治法、大气污染防治法、噪声污染防治法等；自然环境要素保护法，如森林法、水法、野生动物保护法、水土保护法等；文化环境保护法，如风景名胜保护条例、自然保护区条例等；环境管理、监督、监测及保证法律实施的法规，如环境监测管理条例、建设项目环境保护管理办法、报告环境污染与破坏事故的暂行办法、环境保护行政处罚办法等。另外政治还有各种环境标准，包括环境基础标准和方法标准、环境质量标准和污染物排放标准。随着环境保护事业的发展和环境法制工作的加强，我国环境保护法的内容将不断充实和完善。

二、环境保护法的基本制度

（一）环境规划制度

县级以上人民政府环境保护行政主管部门，应当会同有关部门对管辖范围内的环境状况进行调查和评价，拟订环境保护规划，经计划部门综合平衡后，报同级人民政府批准实施。

环境规划的分类：按规划的时间期限分为短期规划、中期规划和长期规划。通常短期规划以 5 年为限，中期规划以 15 年为限，长期规划以 20 年、30 年、50 年为限；按规划的法定效力分为强制性规划和指导性规划；按规划的性质可以分为污染控制规划、国民经济整体规划和国土利用规划三大类。

（二）环境影响评价制度

环境影响评价适用于中华人民共和国领域和中华人民共和国管辖的其他海域内对环境有影响的建设项目、流域开发、开发区建设、城市新区建设和旧区改建等区域性开发，编制建设规划时，应当进行环境影响评价。

（三）"三同时"制度

"三同时"制度是指建设项目需要配置的环境保护设施必须与主体工程同时设计、同时施工、同时投产使用的环境法律制度。

（四）排污收费制度

排污收费制度是指国家环境管理机关根据法律、法规的规定，对排污者征收一定数额的费用的一项法律制度。征收排污费的对象是超过国家或地方污染物排放标准排放污染物的企业事业单位。有两个例外：一是企业事业单位向水体排放污染物，不超过国家或者地方规定的污染物排放标准的，缴纳排污费，超过国家或者地方规定的污染物排放标准的，缴纳超标准排污费；二是向大气和海洋排放污染物的，其污染物排放浓度不得超过国家和地方规定的排放标准，达标排放的征收排污费，超标排污应当限

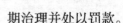

期治理并处以罚款。

对排污者而言，其缴纳了排污费，并不免除其负担治理污染、赔偿污染损失和法律规定的其他义务和责任。

（五）环境保护许可证制度

对不超过排污总量控制指标的排污单位，颁发《排放许可证》；对超出排污总量控制指标的排污单位，颁发《临时排放许可证》，并限期削减排放量。

（六）限期治理制度

限期治理制度是指对污染严重的污染源，由法定国家机关依法限定在一定期限内治理并完成治理任务，达到治理目标的一整套法律制度措施。

1. 限期治理的对象

限期治理的对象包括两大类：一是严重污染环境的污染源；二是位于需要特别保护的区域内的超标准排污的污染源，需要特别保护的区域指风景名胜区、自然保护区和其他需要特别保护的区域。

2. 限期治理制度的实施程序

限期治理由县级以上地方人民政府环境保护行政主管部门提出意见，报同级人民政府批准。中央或者省、自治区、直辖市人民政府管辖的企业事业单位的限期治理，由省、自治区、直辖市人民政府决定；市、县或市、县以下人民政府管辖的企业事业单位的限期治理，由市、县人民政府决定。造成环境噪声污染的小型企业事业单位的限期治理，可以由县级以上人民政府在国务院规定的权限内授权其环境保护行政主管部门决定。对经限期治理逾期未完成治理任务的企业事业单位，除加收超标准排污费外，可以处以罚款，或者责令停业、关闭，罚款由环境保护行政主管部门决定。责令停业、关闭，由作出限期治理决定的人民政府决定；责令中央直接管辖的企业事业单位停业、关闭的，须报国务院批准。

（七）环境标准制度

1. 环境标准的体系

环境标准分为国家环境标准、地方环境标准和国家环境保护总局标准。国家环境标准包括国家环境质量标准、国家污染物排放标准（或控制标准）、国家环境监测方法标准、国家环境样品标准和国家环境基础标准。地方环境标准包括地方环境质量标准和地方污染物排放标准（或控制标准）。需要在全国环境保护工作范围内统一的技术要求而又没有国家环境标准时，应制定国家环境保护总局标准，国家环境保护总局标准是环境保护行业标准，但不是国家标准。

2. 环境标准制定权力的划分

国务院环境保护行政主管部门负责制定国家环境标准和国家环境保护总局标准（行业标准）。省级人民政府对国家环境质量标准中未作规定的项目，可以制定地方环境质量标准。对国家污染物排放标准中未作规定的项目，可以规定地方污染物排放标准；对国家污染物排放标准已作规定的项目，可以制定严于国家污染物排放标准的地方污染物排放标准。

（八）清洁生产制度

清洁生产是指不断采取改进设计、使用清洁的能源和原料、采用先进的工艺技术与设备、改善管理、综合利用等措施，从源头削减污染，提高资源利用效率，减少或者避免生产、服务和产品使用过程中污染物的产生和排放，以减轻或者消除对人类健康和环境的危害。目的是促进清洁生产，提高资源利用效率，减少和避免污染物的产生，保护和改善环境，保障人体健康，促进经济与社会可持续发展。国家鼓励和促进清洁生产。国务院和县级以上地方人民政府，应当将清洁生产纳入国民经济和社会发展计划以及环境保护、资源利用、产业发展、区域开发等规划。

第六章 民事法律制度

第一节 民法概述

一、民法的概念及调整对象

（一）民法的概念

民法是调整平等的民事主体在从事民事活动中发生的财产关系和人身关系的法律规范的总称。《民法通则》第2条规定，中华人民共和国民法调整平等主体的公民之间、法人之间以及公民与法人之间的财产关系和人身关系。

（二）民法的调整对象

1. 平等主体的财产关系

是指平等的民事主体在从事民事活动的过程中所发生的以财产所有和财产流转为主要内容的权利与义务关系。主体平等并非指当事人在所有情况下地位均为平等，只要当事人在从事法律活动，发生法律关系时地位是平等的，我们就认为主体的法律地位是平等的。财产所有关系是指民事主体因对财产的占有、使用、收益和处分而发生的社会关系；财产流转关系是指民事主体因对财产进行交换而发生的社会关系。财产所有关系是财产流转关系的发生前提和主体追求的直接后果；而财产流转关系则是实现财产所有关系的基本方法。

2. 平等主体的人身关系

人身关系是指基于人格和身份发生的，以人身利益为内容，不直接体现财产利益的社会关系。人身关系包括人格关系和身份关系两种。人格关系是指因民事主体之间为实现人格利益而发生的社会关系。人格利益是民事主体的生命、健康、姓名、名称、肖像、名誉、荣誉等利益。在法律上体现为相应的权利，如生命权、健康权、姓名权、名称权、肖像权、名誉权。身份关系是指民事主体之间因彼此存在的身份利益而发生的社会关系。身份利益是指民事主体之间因婚姻、血缘和法律拟制而形成的利益，在法律上体现为配偶权、亲权、监护权等。

二、民法的基本原则

（一）平等原则

平等原则是民事法律关系区别于其他法律关系的主要标志。平等原则是市场经济的本质特征和内在要求在民法上的具体体现，是民法最基础、最根本的一项原则。

（二）自愿原则

是指法律确认民事主体的自由地基于其意志进行民事活动的基本准则。其基本理念是保障和鼓励人们依照自己的意志参与市场交易，强调在经济行为中尊重当事人的自由选择，让当事人按照自己的意愿形成合理的预期。

（三）公平原则

是指民事主体应依据社会公认的公平观念从事民事活动，以维持当事人之间的利益均衡。公平原则是正义的道德观在法律上的体现。作为自愿原则的有益补充，公平原则在市场交易中，为诚实信用原则和显失公平规则树立了判断的基准。

（四）诚实信用原则

是指从事民事活动的民事主体在行使权利和履行义务时必须意图诚实、善意，行使权利不侵害他人与社会的利益，履行义务信守承诺和法律规定，最终达到当事人之间的利益、当事人与社会之间的利益得到平衡的基本原则。诚实信用原则常被奉为"帝王条款"。

（五）禁止权利滥用原则

是指民事主体不得以不正当方式行使自己权利，以加害他人。我国《宪法》第51条规定："中华人民共和国公民在行使自由和权利的时候，不得损害国家的、社会的、集体的利益和其他公民的合法的自由和权利"。

（六）公序良俗原则

是公共秩序和善良风俗的合称。在现代市场经济社会，它有维护国家社会一般利益及一般道德观念的重要功能。尤其是其中的善良风俗，在目前的司法实践中发挥着巨大的作用。

第二节　民事权利

一、民事权利的概念与分类

民事权利是指法律赋予民事主体所享有的、为实现某种利益而为一定行为或不为一定行为的可能性。根据民事权利的效力范围、内容、作用、性质的不同，民事权利分类如下。

根据民事权利的作用不同，可将其分为支配权、请求权、形成权、抗辩权。支配权，是指权利人直接支配其标的，而具有排他性的权利；请求权，是指权利人要求他人为特定行为（作为、不作为）的权利；形成权，是权利人依自己单方面的意思表示，使自己与他人之间的法律关系发生变动的权利；抗辩权指权利人用以对抗他人请求权的权利。抗辩权的作用在于防御，而不在于攻击，因此，必须有他人的请求，才有行使抗辩权的可能。

根据民事权利的效力范围不同，可将其分为绝对权与相对权。绝对权是可以对抗一切人的权利，即要求一般人不为一定行为的权利；相对权则是对抗特定人的权利，即请求特定人为一定行为的权利。

根据民事权利相互之间是否有依存关系为标准，可分为主权利与从权利。主权利是相互关联的几项权利中，不依赖其他权利而独立存在的权利；而从权利则以主权利的存在为前提的权利，但从权利仍然是一项独立的权利，而非主权利的权能。如以抵押权担保债权，则债权为主权利，抵押权为从权利。

二、民事权利的行使和保护

（一）民事行为能力相关概念

1. 完全民事行为能力

是指可完全独立地进行民事活动，通过自己的行为取得民事权利和承担民事义务的资格。

2. 限制民事行为能力的人

包括 10 周岁以上的未成年人；不能完全辨认自己行为的精神病人。

3. 无民事行为能力

是指不具有以自己的行为取得民事权利和负担民事义务的资格，不能产生法律关系发生、变更、消灭的效果。为"未满十周岁"和"完全不能辨认自己的行为"的人。

（二）民事权利的行使

民事权利行使应遵循自由行使、正当行使和禁止权利滥用原则。权利行使是权利人的自由，自应依当事人的意思决定，他人不得干涉；权利人应依权利的目的正当行使权利，遵循诚实信用原则，禁止权利滥用。

（三）民事权利的保护

当民事权利受到侵害时，用民事保护方法，防止或减少权利所受的侵害或使受到侵害的权利得到恢复。民事权利的保护方法为公力救济和私力救济两种。公力救济，是指民事权利受到侵害时，由国家机关通过法定程序予以保护。公力救济的手段主要有两种：民事诉讼和强制执行。民事权利的自力救济，指民事权利受到侵害时，民事权利主体自己采取必要的措施保护其权利。民事权利的自力救济分为自卫行为和自助行为两种。自卫行为，是当民事权利受到侵害或有受到侵害的现实危险时，权利人采取必要的措施，以防止损害的发生或扩大。自卫行为包括正当防卫和紧急避险两种形式。自助行为，指民事主体为了保护自己的权利，对他人的人身自由予以拘束或对他人的财产予以扣押的行为。

第三节　合同法

一、概念与特征

合同是平等主体的自然人、法人和其他组织之间设立、变更、终止民事权利义务关系的协议。合同是一种民事法律行为，因此《民法通则》中关于民事法律行为的规定除合同法另有规定外均适用于合同；合同是双方或多方当事人之间的民事法律行为，因此，合同的成立除了当事人要有意思表示外还需要当事人达成合意；我国合同法上的合同仅指当事人设立、变更和终止财产权的双方法律行为，就身份关系而达成的协议不适用合同法的规定；合同是债的发生原因之一，因此，合同在有效成立之后就按照当事人的合意在当事人之间产生了一定的债权债务关系。

二、合同的类型

（一）计划合同与普通合同

凡直接根据国家经济计划而签订的合同，称为计划合同。如企业法人根据国家计划签订的购销合同、建设工程承包合同等。普通合同亦称非计划合同，不以国家计划为合同成立的前提。公民间的合同是典型的非计划合同。中国经济体制改革以来，计划合同日趋减少。在社会主义市场经济条件下，计划合同已被控制在很小范围之内。

（二）双务合同与单务合同

双务合同即缔约双方相互负担义务，双方的义务与权利相互关联、互为因果的合同。如买卖合同、承揽合同等；单务合同指仅由当事人一方负担义务，而他方只享有权利的合同。如赠予、无息借贷、无偿保管等合同为典型的单务合同。

（三）有偿合同与无偿合同

有偿合同为合同当事人一方因取得权利需向对方偿付一定代价的合同。无偿合同即当事人一方只取得权利而不偿付代价的合同，故又称恩惠合同。前者如买卖、互易合同等，后者如赠予、使用合同等。

（四）诺成合同与实践合同

以当事人双方意思表示一致，合同即告成立的，为诺成合同。除双方当事人意思表示一致外，尚须实物给付，合同始能成立，为实践合同，亦称要物合同。

（五）要式合同与非要式合同

凡合同成立须依特定形式始为有效的，为要式合同；反之，为非要式合同。《中华人民共和国经济合同法》规定，法人之间的合同除即时清结者外，应当以书面形式订立。公民间房屋买卖合同除用书面形式订立外，尚须在国家主管机关登记过户。

（六）主合同与从合同

凡不依他种合同的存在为前提而能独立成立的合同，称为主合同。凡必须以他种合同的存在为前提始能成立的合同，称为从合同。例如债权合同为主合同，保证该合同债务之履行的保证合同为从合同。从合同以主合同的存在为前提，故主合同消灭时，从合同原则上亦随之消灭。反之，从合同的消灭，并不影响主合同的效力。

（七）其他合同

通常合同当事人均为自己或自己的被代理人取得一定权利而缔结合同。但在某些情况下，缔结合同的一方是为第三人取得权利或利益的，从而赋予第三人对债务人的独立请求权，故称为第三人利益缔结的合同。依据法律或合同规定向受益人给付保险金额的人寿保险合同，是典型的为第三人利益订立的合同，因被保险人死亡后，受益人为第三人。此外，合同还可分为总合同与分合同；要因合同与不要因合同；有名合同与无名合同等。

三、合同的订立程序

合同订立是指当事人满足合同成立和生效要件的过程，即当事人就合同之必要内容或者条款达成协议的过程。合同的订立分为要约和承诺两个阶段。

要约指一方当事人向他人作出的以一定条件订立合同并表明一经对方同意即受其约束的意思表示。前者称为要约人，后者称为受要约人。如果仅仅是希望和对方订立合同，但还需要和对方就合同的条款进行进一步磋商的意思表示是要约邀请，即希望对方向自己发出要约的意思表示。要约必须是特定人的意思表示；要约必须是向特定的对方当事人发出的意思表示；要约必须是具备合同中的必要条款，即要约必须是对方同意即可成立合同的意思表示。合同需要具备哪些必要条款才能成立，根据合同的种类不同而不同，如在买卖合同中要具备标的物、价款、数量条款，运输合同需要具备标的物、目的地、起运地、运输工具、运费等条款，租赁合同中需要具备租赁物和租金条款。要约人必须表明一经对方同意即可成立合同，即要约必须是将最终决定合同成立的权利交给对方的意思表示。

承诺指受要约人同意要约内容而与对方成立合同的意思表示。承诺必须由受要约人或其代理人作出；承诺必须向要约人或其代理人作出；承诺须在要约的有效期内作出，并在有效期内到达；要约以对话方式作出的，承诺人即时作出承诺的意思表示，承诺生效，若不即时作出承诺，要约即归于失效。要约没有定有承诺期限的应当在合理的期限内到达。所谓合理期限应当综合考虑要约到达受要约人的时间、受要约人考虑的时间（依合同的性质不同而不同）、承诺到达要约人的时间等；承诺须与要约的实质内容一致。

受要约人对要约的内容进行实质性变更而进行承诺的为新要约。有关合同标的、数量、质量、价款或报酬、履行期限、履行地点和方式、违约责任和解决争议方法等的变更，是对要约内容有实质性变更。承诺不得对要约的上述内容作出修改。非实质性变更的，除要约人及时表示反对或要约表明承诺不得对要约的内容作出任何变更的以外，该承诺有效，合同的内容以承诺的内容为准。

第四节　民事责任及诉讼时效

一、民事责任

（一）民事责任的概念和特征

民事责任是指民事主体因违反民事义务而依法应承担的民事法律后果。民事责任特征有：民事责任以民事主体违反民事义务侵害他人的合法民事权益为前提；民事责任以恢复被侵害的权利为目的，具有补偿性；民事责任可以由当事人在法律允许的范围内协商；民事责任主要是一种财产责任。

（二）民事责任的分类

根据民事责任的产生原因不同，可将其分为合同责任与非合同责任；根据民事责任的内容是否为财产，可将其分为财产责任和非财产责任；根据责任是否由双方过错引起，民事责任可分为单方责任和双方责任；根据民事责任的一方当事人之间的内部关系不同，可将其分为按份责任、连带责任和补充责任；根据责任人承担民事责任的财产范围的不同，可分为有限责任和无限责任。

二、诉讼时效

（一）诉讼时效的概念

诉讼时效是指权利人在法定期间内不行使权利，即丧失请求司法机关依诉讼程序强制义务人履行义务的权利的法律制度。诉讼时效具有如下特征：诉讼时效属于消灭时效；诉讼时效期间届满，虽消灭了权利人的胜诉权，但权利人的实体权利并不因此而消灭；诉讼时效期间属于可变期间，在符合法定条件的情况下，可以中止、中断和延长；诉讼时效属于强制性的规定。

（二）诉讼时效的种类

1. 普通诉讼时效

普通诉讼时效是指由民事基本法统一规定，普遍适用于法律没有作特殊时效规定的各种民事法律关系的诉讼时效。一般民事权利的诉讼时效期间均为 2 年。

2. 特别诉讼时效

特别诉讼时效是指法律规定仅适用于某些特定的民事法律关系的诉讼时效。短期诉讼时效。长期诉讼时效。

3. 权利最长保护期限

从权利被侵害之日起超过 20 年的，人民法院不予保护。有特殊情况的，人民法院可以延长诉讼时效期间。最长诉讼时效期间与一般和短期诉讼时效期间不同，既适用于"不知道或不应知道"其权利被侵害的"特殊主体"。

（三）诉讼时效期间的起算

诉讼时效期间的起算是指诉讼时效期间的开始。诉讼时效从权利人知道或者应当知道自己的权利遭受侵害时起算。

（四）诉讼时效的中止、中断和延长

1. 诉讼时效的中止

诉讼时效的中止是指在诉讼时效期间进行的过程中，因出现了一定的法定事由，导致权利人不能行使请求权，法律规定暂时停止诉讼时效期间的计算。

2. 诉讼时效的中断

诉讼时效的中断是指在诉讼时效期间内，因法定事由的出现，导致已经进行的诉讼时效期间归于无效，待时效中断的法定事由消除后，诉讼时效期间重新计算。

3. 诉讼时效的延长

诉讼时效的延长是指在诉讼时效期间届满后，权利人因有正当理由，向人民法院提出诉讼时，人民法院可以把法定时效期间予以延长。

第五节　婚姻法

一、婚姻法概述

婚姻法是调整一定社会的婚姻关系的法律规范的总和，包括婚姻的成立和解除，婚姻的效力，夫妻间的权利和义务等。目前调整婚姻关系的法律规范主要有：2001 年修订的《婚姻法》；最高人民法院 2001 年通过的《婚姻法司法解释（一）》；最高人民法院 2003 年通过的《婚姻法司法解释（二）》。婚姻法中的规定大都是强制性规范，当事人不得自行改变或通过约定改变。结婚登记是我国法定的结婚程序。结婚是一种要式的身份行为，不能代理，结婚的男女双方必须亲自到婚姻登记机关进行结婚登记。

婚姻法的基本原则有：一是婚姻自由原则。婚姻自由是指公民按照法律的规定，有权自由决定自己的婚姻，其缔结或解除婚姻关系不受任何人的强迫或干涉。婚姻自由包括结婚自由和离婚自由两个方面。二是一夫一妻制原则。是指一男一女结为夫妻的婚姻制度。在该原则下，任何人只能有一个配偶，不能同时有两个以上的配偶。已婚者在配偶死亡或离婚之前，不得再行结婚。一切公开的、隐蔽的一夫多妻或一妻多夫的两性关系都是非法的。三是男女平等原则。是指男女两性在婚姻家庭关系中，享有同等的权利，负担同等的义务。四是保护妇女、儿童和老人的合法权益原则。五是计划生育原则。是指通过生育机制有计划地调节人口再生产。

二、结婚的法定条件

结婚是指男女双方按照法律规定的条件和程序，确立夫妻关系的双方民事法律行为。结婚应当具备如下条件。

（一）具有结婚合意

结婚合意是指当事人对双方间确立夫妻关系的意思表示完全一致。要求：一是意思表示当事人有婚姻行为能力。婚姻行为能力以达到法定婚龄、具有婚姻意思能力为条件。二是同意结婚的意思表示不是受胁迫的结果。如果同意结婚的意思表示是受胁迫的结果，则婚姻属于可撤销婚姻。三是同意结婚的意思表示必须符合法定方式。婚姻行为是要式行为，双方同意结婚的意思表示只有采取法定方式，即申请结婚的男女双方需到婚姻登记管理机关办理结婚登记。

（二）达到法定婚龄

结婚年龄，男不得早于 22 周岁，女不得早于 20 周岁。

（三）符合一夫一妻

要求结婚的男女，必须是无配偶的人。男女一方或双方已有配偶的不得结婚。无配偶包括三种情况：未婚；丧偶；离婚。

（四）不存在婚姻障碍

婚姻障碍主要有：重婚；直系血亲和三代以内的旁系血亲；患有医学上认为不应当结婚的疾病，但患者在治愈之后，可以获准结婚。

三、夫妻关系

夫妻关系包括人身关系和财产关系。其中夫妻财产关系是重点。

（一）夫妻共有财产

根据《中华人民共和国婚姻法》（以下简称《婚姻法》）第 17 条的规定，在婚姻关系存续期间任何一方所得的财产，原则上均属于夫妻共同共有财产。此类财产包括：工资、奖金；生产、经营所得收益；知识产权的收益（包括实际取得或者已经明确可以取得的财产性收益）；继承、受赠所得财产。

（二）夫妻一方个人财产

《婚姻法》第 18 条规定，下列财产，为夫妻一方的财产：一方的婚前财产；一方因身体受到伤害获得的医疗费、残疾人生活补助费等费用；遗嘱或赠予合同中确定只归夫或妻一方的财产；一方专用的生活用品；其他应当归一方的财产。

（三）离婚后的财产处理

双方确定离婚，对于夫妻共同财产由双方协议处理，协议不成的，法院按照照顾子女和女方权益的原则判决。但是离婚时，如果一方有隐匿、变卖、毁损共同财产或企图侵占另一方财产的，对有过错方，法院应判决其少分或不分。另一方当事人如果是在离婚后发现上述行为的，可起诉请求再次分割共同财产。

对于夫妻共同债务的处理，由夫妻共有财产偿还。婚姻存续期间夫或者妻一方以个人名义所负债务，原则上按照夫妻共同债务处理，但另一方能证明债权人与债务人明确约定为个人债务的除外。

第七章　刑事法律制度

第一节　刑法概述

一、刑法的概念

刑法是以国家名义颁布的，规定犯罪及其法律后果的法律规范的总称。刑法有广义刑法与狭义刑法之分，广义刑法是指一切规定犯罪、刑事责任和刑罚的法律规范的总和，包括刑法典、单行刑法以及非刑事法律中的刑事责任条款。狭义刑法是指刑法典，即《中华人民共和国刑法》（以下简称《刑法》）。刑法的任务是用刑罚同一切犯罪行为作斗争，以保卫国家安全，保卫人民民主专政的政权和社会主义制度，保护国有财产和劳动群众集体所有的财产，保护公民私人所有的财产，保护公民的人身权利、民主权利和其他权利，维护社会秩序、经济秩序，保障社会主义建设事业的顺利进行。

二、刑法的基本原则

（一）罪行法定原则

法律没有明文规定为犯罪的行为不得定罪处罚。其具体内容为：刑法应当是立法机关制定的成文法律，行政机关制定的规章不得规定刑罚；禁止不利于行为人的事后法；禁止不利于被告人的类推解释，包括禁止司法类推和类推解释；禁止绝对不确定刑，确定的犯罪与刑罚必须明确；禁止滥用刑罚，对不应当处罚的行为不能以犯罪处罚；禁止残酷的刑罚。

（二）平等适用刑法原则

平等适用刑法，也即刑法面前人人平等。平等适用刑法的具体要求有：对刑法所保护的合法权益予以平等的保护；对于事实犯罪的任何人，都必须严格依照法律认定犯罪；对于任何犯罪人，都必须根据其犯罪事实与法律规定量刑；对于被判处刑罚的任何人，都必须严格按照法律的规定执行刑罚。

（三）罪行相适应原则

刑罚的轻重应当与犯罪分子所犯罪行和承担的刑事责任相适应。该原则要求：刑罚的轻重与"罪行"与"责任"相适应，"罪行"主要指犯罪的危害性（包括危害结果、情节和主观恶意），要求同罪同罚，体现公平，"责任"主要指犯罪人再次犯罪的人身危险性，注重对罪犯教育改造，体现预防犯罪目的。如对未成年人、限制刑事责任能力人、又聋又哑的人，从轻处罚，对犯罪中止、未遂、预备、从犯、胁从犯、教唆未遂、自首、立功、防卫过当从轻处罚，对累犯、教唆未成年人犯罪，从重处罚。

三、追述时效

（一）期限

追诉时效是刑法规定的司法机关追究犯罪人刑事责任的有效期限。犯罪已过法定追诉时效期限的，不再追究犯罪分子的刑事责任，已经追究的，应当撤销案件，或者不予起诉，或者宣告无罪。犯罪经过下列期限不再追诉：法定最高刑为不满 5 年有期徒刑的，经过 5 年；法定最高刑为 5 年以上不满 10 年有期徒刑的，经过 10 年；法定最高刑为 10 年以上有期徒刑的，经过 15 年；法定最高刑为无期徒刑、死刑的，经过 20 年。如果 20 年以后认为必须追诉的，须报请最高人民检察院核准。但在人民检察院、公安机关、国家安全机关立案侦查或者在人民法院受理案件以后，逃避侦查或者审判的，不受追诉期限的限制。被害人在追诉期限内提出控告，人民法院、人民检察院、公安机关应当立案而不予立案的，不受追诉期限的限制。

（二）追诉期限的计算

1. 一般犯罪追诉期限的计算

一般犯罪是指没有连续与继续状态的犯罪，这种犯罪的追诉期限，从犯罪之日起计算。

2. 连续或继续犯罪追诉期限的计算

犯罪行为有连续或者继续状态的，从犯罪行为终了之日起计算。在追诉期限以内又犯罪的，前罪追诉的期限从犯后罪之日起计算。

3. 追诉时效的延长

时效延长，又称不受时效限制，《刑法》规定了两种情况：一是人民检察院、公安机关、国家安全机关立案侦查或者在人民法院受理案件以后，逃避侦查或者审判的，不受追诉时效的限制；二是被害人在追诉期限内提出控告，人民法院、人民检察院、公安机关应当立案而不予立案的，不受追诉时效期限的限制。

4. 追诉时效的中断

追诉时效的中断，也称追诉时效的更新，是指在追诉期限以内又犯罪的，前罪的追诉时效便中断，其追诉时效从后罪成立之日起重新计算。

第二节　犯　　罪

一、犯罪的概念和特征

犯罪是刑法规定应当受刑罚处罚的严重危害社会的行为。刑法第 13 条规定：一切危害国家主权、领土完整和安全，分裂国家、颠覆人民民主专政的政权和推翻社会主义制度，破坏社会秩序和经济秩序，侵犯国有财产或者劳动群众集体所有的财产，侵犯公民私人所有的财产，侵犯公民的人身权利、民主权利和其他权利，以及其他危害社会的行为，依照法律应当受刑罚处罚的，都是犯罪，但是情节显著轻微危害不大的，不认为是犯罪。

基本特征有：社会危害性是犯罪 3 个基本特征中的首要特征，是犯罪行为已经对国家和人民利益形成实际损害；刑事违法性指犯罪应是刑法明文规定禁止的行为。这是罪行法定原则的要求，只有社会危害性达到触犯刑事法律规范的严重程度时，这种行为才能被认为是犯罪；应受惩罚性指犯罪时应当承担刑罚惩罚效果。这一特征也是犯罪与其他违法行为及不道德行为的重要区别。违反党纪、政纪行为的人只能给予党纪、政纪处分。违反民法、经济法的行为，只能给予民事、经济制裁，对于这些行为，绝对不能适用刑罚。

二、犯罪构成

(一) 犯罪客体

犯罪客体是指刑法保护的而为犯罪行为所侵害的社会关系。犯罪客体是犯罪构成的必备条件。一个行为如果没有侵犯刑法所保护的社会关系，就不可能构成犯罪。

(二) 犯罪客观方面

犯罪的客观方面是指犯罪行为和由这种行为所造成的危害结果。危害行为、危害结果、危害行为与危害结果之间的因果关系，是犯罪客观方面的必备要件。

1. 危害行为

包括作为和不作为。作为是指行为人用积极的身体活动实施刑法所禁止的危害社会的行为，即不应为而为之；不作为是指行为人有义务实施并且能够实施某种积极行为而消极的不实施，从而造成危害社会结果的行为，即应为而不为。不作为也是行为，是一种消极的身体活动。

2. 危害结果

是指危害行为对刑法所保护的具体社会关系所造成的损害。

3. 危害行为与危害结果之间的因果关系

是指危害行为与危害结果之间的一种客观的引起与被引起的联系。行为与结果是犯罪客观方面的两个要素，如令行为人对该结果负责，必须证实该结果是行为人的行为所造成。

（三）犯罪主体

犯罪主体是指实施危害社会的行为依法应当承担刑事责任的个人和单位，分为自然人犯罪主体和单位犯罪主体两类。

1. 自然人犯罪主体

自然人犯罪主体是指达到法定责任年龄，具有刑事责任能力，实施了危害社会行为，依法应当承担刑事责任的自然人。已满16周岁的人犯罪，应当负刑事责任。已满14周岁不满16周岁的人，犯故意杀人、故意伤害致人重伤或者死亡、强奸、抢劫、贩卖毒品、放火、爆炸、投毒罪的，应当负刑事责任。已满14周岁不满18周岁的人犯罪，应当从轻或者减轻处罚。因不满16周岁不予刑事处罚的，责令他的家长或者监护人加以管教；在必要的时候，也可以由政府收容教养。

精神病人在不能辨认或者不能控制自己行为的时候造成危害结果，经法定程序鉴定确认的，不负刑事责任，但是应当责令其家属或者监护人严加看管和医疗；在必要的时候，由政府强制医疗。判断精神病人是否为无刑事责任能力人，要注意双重标准，第一是医学标准，患有精神病；第二是心理学标准，完全丧失辨认、控制能力。这两个条件同时具备，才能认为是无责任能力人。醉酒的人不同于精神病人，他们大多是由于自身的原因而贪杯喝醉，不存在可以考虑免于或者减轻处罚的情节，所以醉酒的人犯罪的，要接受法律的制裁，不能以醉酒后神志不清为借口不负刑事责任。

2. 单位犯罪主体

是指牟取本单位的非法利益，由单位负责人或者经集体讨论决定，实施了刑法明文规定的单位犯罪的公司、企业、事业单位、机关、团体。不是所有的单位进行的犯罪都构成单位犯罪，只有刑法明确规定单位可以构成此罪的，才构成单位犯罪。

单位犯罪的处罚原则是：对单位判处罚金，并对其直接负责的主管人员和其他直接责任人员判处刑罚，即实行双罚制，但不排除单罚，单罚以分则有规定的为准。这个单罚是针对责任人的处罚，而不是对单位进行惩罚。还有一种情况也实行单罚制，就是在单位已经因为涉嫌违法犯罪活动被撤销、注销、吊销营业执照或宣告破产的，根据最高人民检察院的《关于涉嫌犯罪单位被撤销、注销、吊销营业执照或宣告破产的应如何进行追诉的问题的批复》，只追究该单位的主管人员和其他直接责任人的刑事责任，不再追究这个单位的责任。

（四）犯罪的主观方面

1. 故意犯罪

是指明知自己的行为会发生危害社会的结果，并且希望或者放任这种结果发生，因而构成犯罪的，是故意犯罪。根据刑法规定，故意犯罪必须同时具备以下两个特征：一是行为人对自己的行为会发生危害社会的结果，必须是明知的。这种明知既包括明知必然会发生危害社会的结果，也包括明知可能会发生危害社会的结果；二是行为人必须是希望或者放任这种危害结果的发生。不论行为人明知的是危害结果必然发生，还是可能发生，只要希望或者放任这种危害结果的发生，就构成故意犯罪。

2. 过失犯罪

是指应当预见自己的行为可能发生危害社会的结果，因为疏忽大意而没有预见，或者已经预见而轻信能够避免，以致发生这种结果的，是过失犯罪。行为在客观上虽然造成了损害结果，但是不是出于故意或者过失，而是由于不能抗拒或者不能预见的原因所引起的不是犯罪。

3. 犯罪目的和犯罪动机

犯罪目的是指行为人主观上通过实施犯罪行为所希望达到的结果。犯罪动机是指引起和推动犯罪人实施犯罪行为，以满足某种需要的内心起因，是犯罪心理结构中的重要动力因素。犯罪动机与犯罪目的、犯罪行为之间，构成一种环环相扣的犯罪活动的链条公式，即从犯罪动机出发，反映、推动、调整、监督着犯罪行为，使之向犯罪目的运行。

三、故意犯罪过程中的形态

（一）犯罪既遂

犯罪既遂是指行为人所实施的行为已经齐备了刑法分则对某一具体犯罪所规定的全部构成要件。犯罪既遂有以下几种形式。

1. 行为犯

是指行为人只要实施了刑法规定的某种行为，即已构成既遂的犯罪。

2. 结果犯

是指行为人所实施的犯罪行为，必须发生了法定的结果，才构成既遂的犯罪。

3. 结果加重犯

是指行为人实施的犯罪行为，导致了基本犯罪构成结果以外的严重结果的犯罪。

4. 危险犯

是指行为人实施的犯罪行为，足以造成某种危害结果的特别危险状态而构成既遂的犯罪。既遂犯的刑事责任，根据刑法分则对所触犯法条规定的法定刑直接处罚。

（二）犯罪预备

犯罪预备，是指直接故意犯罪的行为人为了实施某种能够引起预定危害结果的犯罪实行行为，准备犯罪工具，制造犯罪条件的状态。犯罪预备形态的客观特征包括两个方面：一是行为人已经开始实施犯罪的预备行为；二是行为人尚未着手犯罪的实行行为，即犯罪活动在具体犯罪实行行为着手前停止下来。

犯罪预备行为虽然尚未直接侵害犯罪客体，但已经使犯罪客体面临即将实现的现实危险，因而同样具有社会危害性。但考虑到犯罪预备行为毕竟尚未着手实行犯罪，还没有实际造成社会危害，刑法又规定，对于预备犯，可以比照既遂犯从轻、减轻处罚或者免除处罚。

（三）犯罪未遂

已经着手实行犯罪，由于犯罪分子意志以外的原因而未得逞的，是犯罪未遂。其特征是：行为人已经着手实行犯罪；犯罪没有得逞；犯罪未得逞是由于行为人意志以外的原因。行为人意志以外的原因，是指行为人没有预料到或不能控制的主客观原因。

（四）犯罪中止

在犯罪过程中，自动放弃犯罪或者自动有效防止犯罪结果发生的，是犯罪中止。犯罪中止的特征如下：一是行为人在客观上能够继续犯罪和实现犯罪结果的情况下，自动作出的不继续犯罪或不追求犯罪结果的选择；二是行为人客观上实施了中止犯罪的行为；三是犯罪中止必须发生在犯罪过程中，而不能发生在犯罪过程之外；四是犯罪中止必须是有效地停止了犯罪行为或者有效地避免了危害结果。

四、共同犯罪

（一）共同犯罪的概念

共同犯罪是指2人以上共同故意犯罪。共同犯罪分为一般共犯和特殊共犯即犯罪集团两种。一般共犯是指2人以上共同故意犯罪，而3人以上为共同实施犯罪而组成的较为固定的犯罪组织，是犯罪集团。组织、领导犯罪集团进行犯罪活动的，或者在共同犯罪中起主要作用的，是主犯。对组织、领导犯罪集团的首要分子，按照集团所犯的全部罪行处罚。在此之外的主犯，应当按照其所参加的或者组织、指挥的全部犯罪处罚。共同犯罪人除主犯、从犯、胁从犯之外，还有教唆他人犯罪的教唆犯。

（二）共同犯罪的形式

1. 任意共犯与必要共犯

前者是指刑法分则规定的本可以由一人实施的犯罪行为，后者是指刑法分则规定的只能以2人以上的共同行为作为犯罪构成要件的犯罪，即该种犯罪的主体必须是2人以上，主要有聚众扰乱社会秩序罪、聚众劫狱罪等，集团性犯罪组织、领导、参加黑社会性质组织罪、组织越狱罪。

2. 事先（事前）共犯与事中共犯

前者是指事前有同谋的共犯，即共犯人的共同犯罪故意，在着手实行犯罪前形成，后者即指事前无同谋的共犯，共同犯罪人的共犯故意，是在实行着手之际或犯罪过程中形成的。

3. 简单共犯与复杂共犯

简单共犯亦称共同正犯、共同实行犯，是指2人以上共同直接实行某一具体犯罪的构成要件的行为，共犯人都是实行犯，不存在组织犯、帮助犯、教唆犯问题。而复杂共犯是指各共同犯罪人之间存在着犯罪分工的共同犯罪，不仅存在直接着手实施共犯行为的实行犯，还有组织犯或教唆犯或帮助犯的分工。

4. 一般共犯与特殊共犯

一般共犯是指没有特殊组织形式的共同犯罪，共犯人是为实施某种犯罪而临时结合，一旦犯罪完成，这种结合便不复存在。特殊共犯亦称有组织的共同犯罪、集团性共犯，通称犯罪集团，是刑法规定的 3 人以上为共同实施犯罪而组成的较为固定的犯罪组织。

（三）共同犯罪人的种类

1. 主犯

组织、领导犯罪集团进行犯罪活动或者在共同犯罪中起主要作用的，是主犯。主犯包括两类：一是组织、领导犯罪集团进行犯罪活动的犯罪分子，即犯罪集团中的首要分子；二是其他在共同犯罪中起主要作用的犯罪分子，即除犯罪集团的首要分子以外的在共同犯罪中对共同犯罪的形成、实施与完成起决定或重要作用的犯罪分子。

对于组织、领导犯罪集团进行犯罪活动的首要分子，按照集团所犯的全部罪行处罚，即除了对自己直接实施的具体犯罪及其结果承担刑事责任外，还要对集团成员按该集团犯罪计划所犯的全部罪行承担刑事责任。但首要分子对于集团成员超出集团犯罪计划（集团犯罪故意）所实施的罪行，不承担刑事责任。

对于犯罪集团的首要分子以外的主犯，应分为两种情况处罚：对于组织、指挥共同犯罪的人，应当按照其组织、指挥的全部犯罪处罚；对于没有从事组织、指挥活动但在共同犯罪中起主要作用的人，应按其参与的全部犯罪处罚。

2. 从犯

在共同犯罪中起次要或者辅助作用的，是从犯。从犯包括两种人：一是在共同犯罪中起次要作用的犯罪分子，即对共同犯罪的形成与共同犯罪行为的实施、完成起次于主犯作用的犯罪分子。二是在共同犯罪中起辅助作用的犯罪分子，即为共同犯罪提供有利条件的犯罪分子，通常是指帮助犯。从犯是相对于主犯而言的。对于从犯，应当从轻、减轻或者免除处罚。

3. 胁从犯

胁从犯是被胁迫参加犯罪的人，即在他人威胁下不完全自愿地参加共同犯罪，并且在共同犯罪中起较小作用的人。如果行为人起先是因为被胁迫而参加共同犯罪，但后来发生变化，积极主动实施犯罪行为，在共同犯罪中起主要作用，则不宜认定为胁从犯。对于胁从犯，应当按照他的犯罪情节减轻处罚或者免除处罚。

4. 教唆犯

教唆犯是指以授意、怂恿、劝说、利诱或者其他方法故意唆使他人犯罪的人。对教唆犯的处罚：一是教唆他人犯罪的，应当按照他在共同犯罪中所起的作用处罚。如果起主要作用，就按主犯处罚，如果起次要作用，则按从犯从轻、减轻或者免除处罚；二是教唆不满 18 周岁的人犯罪的，应当从重处罚；三是如果被教唆的人没有犯被教唆的罪，对于教唆犯可以从轻或者减轻处罚。

五、罪数

（一）概念

是指一人所犯之罪的数量；区分罪数，也就是区分一罪与数罪。正确区分罪数，有利于准确定罪。准确定罪的含义，除了包括准确地认定行为是否构成犯罪、是构成此罪还是彼罪之外，还包括准确地认定行为构成的是一罪还是数罪，这三者又密切联系。一方面，如果没有正确区分罪数，定罪就不准确。另一方面，如果没有正确区分罪数，就会影响罪名的确定。例如，行为人以抢劫的故意持刀杀死被害人，立即取走被害人的财物。如果认定为一罪，就是抢劫罪；如果认定为数罪，就可能是故意杀人

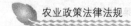

罪与盗窃罪。

（二）罪数的分类

1. 一罪

是指一个犯罪，包括：一是一行为刑法规定为一罪或处理时作为一罪的情况，即实质的一罪，包括继续犯、想象竞合犯与结果加重犯；二是数行为在刑法上规定为一罪的情况，即法定的一罪，包括惯犯与结合犯；三是数行为处理时作为一罪的情况，即处断的一罪，包括连续犯、吸收犯与牵连犯。

2. 数罪

指数个犯罪。数罪可以分为同种数罪与异种数罪，前者是指行为人以两次以上的相同性质的行为，两次以上符合相同的犯罪构成。后者是指行为人以两次以上不同性质的行为，两次以上符合不相同的犯罪构成。异种数罪必须实行并罚。同种数罪既可能并罚，也可能不并罚，但同种数罪不并罚时，也不意味着仅成立一罪。

第三节 刑 罚

一、刑罚的概念与特征

（一）刑罚的概念

刑罚是国家强制的、对犯罪分子适用的特殊制裁方法，是对犯罪分子某种利益的剥夺，并且表现出国家对犯罪分子及其行为的否定评价，并起到改造罪犯、保护社会和警醒世人的作用。

（二）刑法的特征

1. 刑罚的惩罚性

它主要是通过对犯罪人的某种利益或者权利的剥夺而实现的。刑罚可以分为生命刑、自由刑、财产刑和资格刑。

2. 刑罚的教育性

它通过对犯罪的谴责，使犯罪分子认罪服法，在思想上受到深刻的教育。随着社会进步、文化发展，刑罚中的教育性这一属性将在我国刑罚中越来越占重要地位。

3. 强制程度的严厉性

刑罚是最严厉的一种强制方法，这在它所剥夺的权利与利益上得到充分体现。刑罚可以剥夺犯罪人的权利、财产、人身自由乃至生命，其他任何强制方法，都不可能达到这样严厉的程度。

4. 适用对象的特定性

刑罚只能对触犯刑律构成犯罪的人适用，无罪的人绝对不受刑事追究。

5. 法律程序的专门性

刑罚只能由人民法院代表国家依照专门的法律程序适用。人民法院追究犯罪分子的刑事责任，对犯罪分子适用刑罚必须按照刑事诉讼法所规定管辖权限、诉讼程序进行，否则就是非法的。

二、刑罚的种类

（一）主刑

主刑是对犯罪分子适用的主要刑罚，它只能独立使用，不能相互附加适用。主刑分为以下 5 种：管制、拘役、有期徒刑、无期徒刑和死刑等。

管制刑作为一种限制受刑人人身自由的刑罚方法，对犯罪分子实行不关押，而是在公安机关的管束和人民群众的监督下进行改造，它是我国在长期革命实践中不断总结出来的成果，是我国的一种独创。

拘役则是一种短期的剥夺受刑人的人身自由的一种刑罚方法，在执行上由公安机关就近执行，原则上，在其劳动改造期间，可以酌量发给报酬，根据其表现，还可以每个月回家一至两天。

徒刑的执行可以分为有期徒刑和无期徒刑两种，两者都是放在固定的执行场所当中执行，根据《中华人民共和国监狱法》第2条规定：监狱是国家的刑罚执行机关，依照刑法和刑事诉讼法的规定，被判处死刑缓期两年执行、无期徒刑、有期徒刑的罪犯，在监狱内执行刑罚。

死刑的执行是所有主刑执行中最为严厉因此也应当最为慎重的一种执行方法。死刑的执行分为死刑立即执行和死刑缓期两年执行两种。死刑是以剥夺受刑人的生命为结果，它的严厉性和不可逆转性都决定了其执行应当慎重，因此，在死刑执行上规定了严格的程序以防止错杀。死刑本身的残酷性和固有的负面效应要求我们在死刑的执行中应当尽可能减少被执行人的痛苦及其对家属的情感伤害。对于死刑缓期两年执行实际上是对受刑人考察中的执行，通过考察以决定其两年后执行的变更。其考察的场所也是监狱。

（二）附加刑

附加刑指刑法规定除主刑之外的刑罚。附加刑的种类有：罚金，剥夺政治权利，没收财产，驱逐出境。

1. 罚金

罚金是人民法院判处犯罪人向国家缴纳一定数额金钱的刑罚方法。从法律性质上讲，罚金是一种刑罚方法，而非经济制裁、民事制裁或行政处罚。罚金刑属于财产刑的范畴，它是以强制犯罪人（包括自然人和单位）缴纳金钱为内容的刑罚方法。判处罚金，应当根据犯罪情节决定罚金数额，既适用于处刑较轻的犯罪，也适用于处刑较重的犯罪。从犯罪性质上看，我国刑法中的罚金主要适用于3种犯罪：经济犯罪；财产犯罪；其他故意犯罪。

2. 剥夺政治权利

剥夺政治权利是指剥夺犯罪人参加国家管理和政治活动权利的刑罚方法。剥夺政治权利包括：选举权和被选举权；言论、出版、集会、结社、游行、示威自由的权利；担任国家机关职务的权利；担任国有公司、企业、事业单位和人民团体领导职务的权利。

3. 没收财产

没收财产是将犯罪分子个人所有财产的一部分或者全部强制无偿地收归国有的刑罚方法。没收财产属于一种财产刑，也是我国刑罚的附加刑中最重的一种。没收财产主要适用于以下几类犯罪：危害国家安全罪；严重的经济犯罪；贪污罪等。

没收财产是没收犯罪分子个人所有财产的一部分或者全部；没收全部财产的，应当对犯罪分子个人及其抚养的家属保留必需的生活费用；在判处没收财产的时候，不得没收属于犯罪分子家属所有或者应有的财产。

4. 驱逐出境

驱逐出境是强迫犯罪的外国人离开中国国（边）境的刑罚方法。驱逐出境作为一种刑罚方法，只适用于犯罪的外国人，而不适用于犯罪的本国人，不具有普遍适用的性质。驱逐出境既可以独立适用，也可以附加适用。具体适用时，要考虑犯罪的性质、情节和犯罪分子本人的情况，以及外交斗争的需要。一般的掌握标准是：罪行较轻、不宜判处有期徒刑，而又需要驱逐出境的，可以单独判处驱逐出境。对于罪行严重，应判处有期徒刑的，必要时也可以附加判处驱逐出境。

三、刑罚的适用

（一）量刑的概念、原则

1. 量刑的概念

量刑是指根据刑法规定，在认定犯罪的基础上，对犯罪人是否判处刑罚，判处何种刑罚以及判处多重刑罚的确定与裁量。

2. 量刑原则

以犯罪事实为根据。犯罪事实是量刑的客观根据，没有犯罪事实就无法确定犯罪，量刑就失去了前提。量刑必须以刑法为准绳，是指人民法院在认定犯罪事实的基础上，必须按照刑法的有关规定对犯罪分子是否判刑以及判什么刑、判刑轻重作出裁断。

（二）累犯、自首、立功、数罪并罚和缓刑

1. 累犯

是指受过一定的刑罚处罚，刑罚执行完毕或者赦免以后，在法定期限内又犯被判处一定的刑罚之罪的罪犯。累犯分为一般累犯和特殊累犯两种：一般累犯是指被判处有期徒刑以上刑罚的犯罪分子，刑罚执行完毕或者赦免以后，在 5 年内再犯应当判处有期徒刑以上刑罚之罪的犯罪分子；特殊累犯是指因犯特定之罪而受过刑罚处罚，在刑罚执行完毕或者赦免以后，又犯该特定之罪的犯罪分子。对于所有累犯，均应从重处罚，不得适用缓刑和假释。

2. 自首

自首是指犯罪后自动投案，向公安、司法机关或其他有关机关如实供述自己的罪行的行为。我国刑法规定，自首的可以从轻或减轻处罚。其中，犯罪较轻的可以免除处罚。被采取强制措施的犯罪嫌疑人、被告人和正在服刑的罪犯，如实供述司法机关还未掌握的本人其他罪行的，以自首论。

3. 立功

是指犯罪分子有揭发他人犯罪行为，查证属实的，或者提供重要线索，从而得以侦破其他案件的，是立功。构成立功必须符合以下条件：一是立功的时间是指立功表现发生的时间；二是立功的表现，立功表现分为揭发他人的犯罪行为和提供重要线索；三是立功的效果，立功不仅是一种表现，而且必须要有某种实际效果。

4. 数罪并罚

数罪并罚是指对犯两个以上罪行的犯人，就所犯各罪分别定罪量刑后，按一定原则判决宣告执行的刑罚。数罪，指一人犯几个罪。数罪并罚是刑法中规定对一人犯数罪的情况下的一种量刑情节，对于数罪并罚的，分先减后并和先并后减两种，要区分不同情况分别适用。

5. 缓刑

缓刑称暂缓量刑，也称为缓量刑，是指对触犯刑律，经法定程序确认已构成犯罪、应受刑罚处罚的行为人，先行宣告定罪，暂不予以量刑，由特定的考察机构在一定的考验期限内对罪犯进行考察，并根据罪犯在考验期间内的表现，依法决定是否适用具体刑罚的一种制度。缓刑适用于：被判处拘役或者 3 年以下有期徒刑；犯罪分子确有悔改表现，法院认为不关押也不至于再危害社会；罪犯不属累犯和犯罪集团的首要分子。

（三）减刑和假释

1. 减刑

减刑是指被判处一定刑罚措施的犯罪分子，如果在执行期间，符合一定的法律条件，就可以给予刑罚种类的变更，或者刑期的缩短。有下列重大立功表现之一的，应当减刑：阻止他人重大犯罪活动的；检举监狱内外重大犯罪活动，经查证属实的；有发明创造或者重大技术革新的；在日常生产、生活中舍己救人的；在抗御自然灾害或者排除重大事故中，有突出表现的；对国家和社会有其他重大贡献的。

2. 假释

假释是对被判处有期徒刑、无期徒刑的犯罪分子，在执行一定刑期之后，因其遵守监规，接受教育和改造，确有悔改表现，不致再危害社会，而附条件地将其予以提前释放的制度。被假释的犯罪分子，在假释考验期间再犯新罪的，不构成累犯。假释在我国刑法中一项重要的刑罚执行制度，正确地适用假释，把那些经过一定服刑期间确有悔改表现、没有必要继续关押改造的罪犯放到社会上进行改造，可以有效地鼓励犯罪分子服从教育和改造，使之早日复归社会、有利于化消极因素为积极因素。

参考文献

［1］中华人民共和国宪法 . 2004.

［2］中华人民共和国民事诉讼法 . 2012.

［3］中华人民共和国劳动合同法 . 2013.

参考文献

[1] 中华人民共和国宪法. 2004.

[2] 中华人民共和国民事诉讼法. 2012.

[3] 中华人民共和国国务院组织法. 2012.